我们一起解决问题

·AI应用实战丛书·

玩转ChatGPT

秒变AI提问和追问高手

唐振伟◎编著

人民邮电出版社

北京

图书在版编目（CIP）数据

玩转ChatGPT ：秒变AI提问和追问高手 / 唐振伟编
著. -- 北京 ：人民邮电出版社，2024.1
（AI应用实战丛书）
ISBN 978-7-115-63376-7

Ⅰ. ①玩… Ⅱ. ①唐… Ⅲ. ①人工智能 Ⅳ.
①TP18

中国国家版本馆CIP数据核字(2023)第248760号

内 容 提 要

本书是一本关于如何使用 ChatGPT 提问和追问的书。会提问才能得到自己想要的结果，会追问才能优化自己想要的结果。

本书从 AI 指令提示、角色定位提问、给定标准提问、概括总结追问、延伸扩展追问、强化自洽追问、联系上下文追问、聚类分类追问、分步骤与模块追问等方面分别介绍了 ChatGPT 的提问和追问技巧。

本书适合 ChatGPT 学习者阅读与使用，尤其适合想高效工作的教师、培训师、咨询师和管理者阅读与使用，也适合想用 ChatGPT 来解决工作和生活问题的广大 ChatGPT 爱好者阅读与使用。

◆编　　著　唐振伟
　责任编辑　贾淑艳
　责任印制　彭志环
◆人民邮电出版社出版发行　　北京市丰台区成寿寺路 11 号
　邮编 100164　　电子邮件 315@ptpress.com.cn
　网址 https://www.ptpress.com.cn
　三河市中晟雅豪印务有限公司印刷
◆开本：880×1230　1/32
　印张：9　　2024 年 1 月第 1 版
　字数：200 千字　　2024 年 1 月河北第 1 次印刷

定　价：59.80 元

读者服务热线：（010）81055656　印装质量热线：（010）81055316
反盗版热线：（010）81055315
广告经营许可证：京东市监广登字20170147号

推荐序 1

ChatGPT：解码信息海洋，助力高效工作

在当今信息爆炸的时代，几乎所有职场人士、自由职业者、学生、老师和创业者们都面临着信息过载的挑战。为了应对这一挑战，我们迫切需要一种能够帮助我们过滤海量信息、集中注意力于核心问题，并迅速准确地找到答案的精准工具。

ChatGPT 正是这样一款强大的工具，它的诞生和快速发展在工作应用领域产生了重要的影响和革命性的变革，不仅大大提高了工作效率，改变了解决问题的方式，还释放了人工智能的无限创造力。

ChatGPT 是由 OpenAI 团队开发的一个自然语言处理大模型，基于深度学习和大规模训练数据，能够理解人类语言并生成连贯和智能的回答。这一技术极大地提升了人们工作和生活的效率，增加了便利感。未来，无论是在商业领域，还是在个人工作和生活领域，ChatGPT 都将扮演极其重要的角色，成为商业领域及个人工作和生活领域不可或缺的辅助工具之一。

《玩转 ChatGPT：秒变 AI 提问和追问高手》一书深入浅出地介绍了如何使用 ChatGPT 来提出明确、有条理的问题，并从它的回答中获取所需的信息。无论是学术问题、工作问题、实用建议还是兴趣爱好，只要掌握正确的提问技巧，ChatGPT 都将给你一个满意的答案，供你参考。

本书不仅教会读者如何与 ChatGPT 进行高效的互动，还通过丰富的案例和实践经验，展示了 ChatGPT 在各个领域的应用。无论是学生、职场人士还是自由职业者，都可以通过本书的指导和实践，成为 AI 提问和追问的高手，轻松解决问题，提升工作和学习的效率。

本书不仅是一本实用指南，更是一本引领读者进入 AI 时代的指南。通过学习和使用 ChatGPT，我们可以更好地应用 AI 技术，解码信息海洋，高效工作和生活，创造更美好的未来。

当然，ChatGPT 作为人工智能的杰出代表，给我们带来了巨大的便利和创造力释放。但我们必须保持清醒的头脑，充分认识到技术的局限性，避免过度依赖 ChatGPT 或其他 AI 技术。科技是为人类服务的工具，而非取代人类思维的存在。我们要明确，技术只是工具，人类思维和创造力才是决定性因素。

未来，ChatGPT 将和其他 AIGC 工具一起，成为我们工作和生活的伴侣，为我们解码信息海洋，助力我们高效工作和创造更美好的未来。未来，人人都会成为 AIGC 工具的使用者，都会使用 AIGC 工具来改变工作和生活。

我诚挚地把本书推荐给所有渴望提高问题解决能力和信息获取效率的读者。

祝愿本书能够帮助每一位读者拥抱 AI 技术，掌握 ChatGPT 的精髓，成为 AI 提问和追问的高手，开启全新的智能化学习和工作方式！

郑吉敏

去哪儿旅行技术总监、业务架构 SIG 负责人、人工智能委员会常委

推荐序 2

尊敬的读者：

在这个由数据和技术驱动的时代，我们迫切需要有效地与人工智能系统交流以获取准确、有价值的信息。唐振伟先生的新书《玩转 ChatGPT：秒变 AI 提问和追问高手》是一本独具洞察力的作品，它不仅指导读者如何与 ChatGPT 等先进的人工智能对话系统进行有效的沟通，还教授读者如何深入挖掘信息，从而获得更丰富、精准的回答。

作为一名资深人工智能专家，我深知在与 AI 对话时准确提问的重要性。本书通过详细阐述各种提问和追问技巧，帮助读者从 ChatGPT 等 AI 工具中获取最大价值。书中不仅讲解了基础的提问技巧，还深入讲解如何进行有效的追问，以确保对话的连贯性和深度。

本书的内容涵盖了从提示词选择、角色定位，到复杂的追问技巧等多个方面，无论是教师、学生、培训师、咨询师、管理者，还是对 AI 技术感兴趣的爱好者，都能从中获益。特别是那些希望提升工作效率和问题解决能力的专业人士，将会发现本书是不可或缺的资源。

《玩转 ChatGPT：秒变 AI 提问和追问高手》不仅是一本技术

指南，更是一本启发思考的书籍。通过阅读，读者不仅能学会如何与 AI 有效沟通，还将培养出更严谨、深入的思考方式。

我把这本书强烈推荐给所有希望在 AI 时代立于不败之地的读者。通过学习本书，愿你不仅能成为 AI 提问和追问的高手，还能在信息的海洋中驾驭 AI，捕捉到最有价值的知识。

朱晓庆

北京人工智能学会副秘书长

2023 年 12 月 6 日

前言

AI 技术的飞速发展正在深刻改变着我们的生活。在这个信息爆炸的时代，获取正确、有效的信息变得愈发重要。

学会 AI 提问和追问技巧，才能真正玩转 ChatGPT！在与 ChatGPT 等 AIGC 工具对话时，要想得到并持续优化自己想要的结果，掌握 AI 提问和追问的技巧至关重要。

本书的目的是“授人以渔，给人工具”！本书致力于帮助每一个读者快速掌握使用 ChatGPT 等 AIGC 工具的技巧，迅速成为 AI 提问和追问的高手，能够十倍甚至百倍地提高工作效率、提升工作质量！

本书专注于提问和追问的实用技巧、方法、案例和应用，并通过具体生动的提问和追问案例进行实践演示，帮助广大读者拿来即用。

在本书中，我们首先聚焦于提问技巧的应用：善用角色定位提问，可以帮助你从不同的角度思考问题，获得多样化的回答；运用给定标准提问，可以帮助你通过明确要求使回答更加具体和准确；明确任务与目标提问，可以帮助你迅速定位问题的核心和关键点；灵活运用关键词提问，可以帮助你捕捉关键词语以指导 AI 机器人回答；限定范围与提示要点提问，可以帮助你有效缩小问题的范围，以便得出更有针对性的答案。

在追问部分，本书详细介绍了以下六个技巧：概括总结追问帮助你概括和总结回答，以便你加深理解；延伸扩展追问通过进一步提问扩展问题的范围，帮助你获取更多信息；强化自洽追问确保回答的逻辑自洽与完整性；联系上下文追问帮助你掌握对话的脉络和背景信息；聚类分类追问通过分组和分类来整理问题和回答；分步骤与模块追问通过分解问题和逐步询问，帮助你得到更系统和详细的回答。

本书提供了特色小栏目，包括运用提示词提问的五大提问维度：问的角度、问的技巧、问的思路、问的原则和问的逻辑。这五大提问维度将帮助读者全方位地思考问题，选择合适的提问角度、技巧、思路、原则和逻辑能够大大提高读者获取有用信息的成功率。

我们还指导读者在实际应用中如何运用 12 个特定的追问方式进行追问。这 12 个特定的追问方式包括：用条件追问、用细节追问、用需求追问、用范围追问、用否定追问、用要求追问、用假设追问、用推理追问、用建议追问、用比喻追问、用错误追问和用措施追问。

通过学习本书，你将全面深入地了解 AI 提问和追问的核心技巧，提升自己在与 AI 机器人对话时的表达能力和解决问题的能力。不论你是想在工作中更高效地获取信息，还是希望培养自己的逻辑思维和创造力，本书都将帮助你迅速掌握真正玩转ChatGPT 的实用方法和技巧。

最后，感谢你选择本书，希望本书能为你提供有价值的知识和实用的技巧，能够帮助你在 AI 时代的探索之旅中取得更加圆满的成功！

目录

第 1 章 AI 指令提示工程：原理、实践与提问技巧

1.1 AI 指令提示工程的基本原理 / 003

1.1.1 指令提示：解锁 ChatGPT 无限可能 / 003

1.1.2 模型选择：选择最佳 AI 提示方法 / 009

1.1.3 结果优化：变换提示优化 AI 的回答 / 011

1.2 AI 提示实践：从数据到精彩回答 / 013

1.2.1 设计 AI 提示：探索聊天机器人的奥秘 / 013

1.2.2 优化与评估：打造精准有效的 AI 提示 / 017

1.2.3 常见问题解答：AI 提示的挑战与应对 / 019

1.3 AI 提问和追问技巧：从入门到精通 / 022

1.3.1 基础技巧：具体、明确、清晰、有趣的提问 / 022

1.3.2 高阶技巧：精准引导 ChatGPT 的持续追问技巧 / 026

第 2 章 角色定位提问：与 ChatGPT 玩“角色扮演”

2.1 用户自身定位：让 ChatGPT “看人下菜碟” / 033

2.1.1 设定自我：开启与 ChatGPT 的互动之旅 / 033

2.1.2 明确目标：想要通过 AI 获得怎样的回答 / 036

2.1.3 优化整合：通过不同角色视角来追问 AI / 040

2.2 “角色扮演”：给 ChatGPT 一个身份标签 / 044

2.2.1 角色定位：让 ChatGPT 清楚它扮演的角色 / 044

2.2.2 个性化体验：定制更有趣的对话体验 / 049

2.2.3 跨界咨询：获得不同领域的专业建议 / 054

第 3 章 给定标准提问：“调教”ChatGPT，让它更懂你

3.1 给定标准：“调教” ChatGPT / 063

3.1.1 预设标准：充分使用给 AI 定的提示 / 063

3.1.2 高效提问：让 AI 快速生成标准化问题 / 068

3.2 生成标准化问题集并“投喂” ChatGPT / 072

3.2.1 从简单到复杂：生成标准化问题及答案 / 072

3.2.2 针对不同场景需求：生成多样化的问题 / 079

概括总结追问：将烦琐的事交给 ChatGPT

4.1 提取关键信息：让 ChatGPT 来概括总结 / 087

4.1.1 概括总结文本：给 ChatGPT 定概括的标准 / 087

4.1.2 提取关键信息：删繁就简，浓缩核心信息 / 092

4.1.3 评估 AI 的输出：提炼它回答中的精华 / 096

4.2 概括总结提问的应用场景与示范案例 / 098

4.2.1 快速阅读海量信息：深度提炼，快速掌握 / 098

4.2.2 快速获取关键数据：多份报告抓取关键数据 / 104

4.2.3 快速生成论文摘要：快速完成论文文献综述 / 109

延伸扩展追问：对 ChatGPT“打破砂锅问到底”

5.1 深挖细节和背景：发现 AI 回答中隐藏的宝藏 / 117

5.1.1 抓住细节追问：深入探索 AI 回答 / 117

5.1.2 补充背景信息：让你的追问更高效 / 121

5.1.3 沿着逻辑追问：深入挖掘更多细节 / 124

5.2 延伸问题：引导 AI 答出更多信息 / 127

5.2.1 扩展追问方向：多维度引导 AI 回答 / 127

5.2.2　扩展答案范围：引导 AI 跨学科、跨领域回答 / 131
5.2.3　引发 ChatGPT 深层次思考：开启 AI 创新之门 / 136

5.3　多样化提问：让 AI 回答更全面、深入、系统 / 140
5.3.1　改变提问的角度：换种方式问 AI / 140
5.3.2　使用比较类比提问：将 AI 的回答引向更深层面 / 144
5.3.3　发掘问题背后：让 AI 的回答更系统 / 147

第 6 章　强化自洽追问：通过纠错让 ChatGPT 更聪明

6.1　让 ChatGPT 强化学习：获得更精准的回答 / 153
6.1.1　在错误中让 AI 强化学习：让它更智能 / 153
6.1.2　提示 AI 强化学习：让提问更准确高效 / 158
6.1.3　优化提问关键词：探索 AI 提问的新高度 / 161

6.2　自洽式追问：明确告诉它错在哪里 / 166
6.2.1　明确纠错 AI 的回答：让它在“批评”中学习 / 166
6.2.2　多角度追问：让 ChatGPT 自洽、调整与精进 / 170

第 7 章 联系上下文追问：时刻提示 ChatGPT“不忘初心”

7.1 根据上下文信息提问 ChatGPT 的技巧 / 177

7.1.1 让提问更连贯：上下文理解与关联问题生成 / 177

7.1.2 上下文信息提示：提升 AI 的全局认知能力 / 182

7.1.3 与 AI 换位思考：从回答中获得启发再追问 / 187

7.2 多文档“投喂”：让 AI 跨学科、跨领域学习 / 190

7.2.1 让 ChatGPT 构建知识体系：整合分析多篇文档 / 190

7.2.2 跨领域提问：让 ChatGPT 理解和应用多文档信息 / 193

7.2.3 让 ChatGPT 深度思考：应对多文档分析与综合 / 196

第 8 章 聚类分类追问：让 ChatGPT“分门别类”处理

8.1 聚类提示性追问 / 203

8.1.1 提示聚类规则：让 ChatGPT“合并同类项”/ 203

8.1.2 控制引导提示：让 ChatGPT 生成聚类规则 / 207

8.2 分类提示性追问 / 211
8.2.1 给出分类提示：让 ChatGPT 寻找关键要素 / 211
8.2.2 生成分类提示：引导 ChatGPT 分类的思路 / 215
8.3 “投喂”样本示例追问 / 220
8.3.1 给出样本示例：让 ChatGPT “照猫画虎” / 220
8.3.2 引导 ChatGPT 生成示例：让它给自己打个样 / 223
8.4 关键词提示性追问 / 227
8.4.1 关键词排列顺序与权重对 AI 回答的影响 / 227
8.4.2 关键词的替换调整对 AI 回答的影响 / 234
8.5 控制引导生成内容的提示性追问 / 238
8.5.1 提示引导 ChatGPT 生成原创性内容 / 238
8.5.2 提示 ChatGPT 对回答做原创性修改 / 242
第 9 章 分步骤与模块追问：让 ChatGPT 辅助解决复杂问题
9.1 分步骤与模块进行追问 / 249
9.1.1 分步骤追问 ChatGPT / 249
9.1.2 分不同模块追问 ChatGPT / 253
9.1.3 让 ChatGPT 自己划分步骤与模块来回答 / 259
9.1.4 要求 ChatGPT 生成举例说明来完善回答 / 262

9.2 “知识生成”提示，让 ChatGPT 生成原创知识 / 264

9.2.1 创造新知：生成人类社会不存在的知识 / 264

9.2.2 跨界杂交：生成跨学科领域的原创知识 / 266

第 1 章

AI 指令提示工程：原理、实践与提问技巧

1.1　AI 指令提示工程的基本原理

1.1.1　指令提示：解锁 ChatGPT 无限可能

提示词（Prompt）是用户给人工智能（Artifical Intelligence，AI）下达的任务指令，是用户与 AI 对话系统进行问答时给出的指导性文本。

提示词就像一把魔法钥匙，可以让我们更好地开启与 AI 小伙伴的愉快交流之旅。只要我们用好提示词，就可以清晰、明确地告诉 AI 我们的需求和想法，就可以让 AI 系统给出更符合我们需求的精确答案。

提示词就像一把量尺，它的好坏决定了我们与 AI 的对话效果和使用体验。所以，我们学会使用提示词就像掌握了一个神奇的“万能公式”，能够轻松准确地向 AI 问出心中的问题，从而引导控制 AI 生成我们想要的答案。

这个“万能公式”具体包括以下五个方面的内容。

1. 明确任务类型

提示词需要告诉 AI 我们希望它生成什么类型的文本，如描述、解释、比较、总结等。例如，“为市场经理写一份工作日报”“以暑期诗意打卡为主题提供一份旅游攻略”“请你写一首赞美程序员的诗歌”等。

2. 限定回答范围

提示词需要告诉 AI 我们希望讨论的主题或具体的领域。例如，“帮我写一份人工智能软件的产品经理的工作月报，要求不少于 500 字，并且阐述本月的工作内容、工作中发现的问题和未来计划”。

3. 设定回答格式

提示词需要告诉 AI 我们希望得到的文本是列表格式、段落格式，还是其他格式。例如，“帮我制订周一到周五的详细健身运动计划及对应的食谱计划，并用表格输出”。

4. 限定语言风格

提示词需要告诉 AI 我们希望得到什么语气、语言风格或口吻的回答。例如，“请以周星驰的电影《大话西游》中唐僧的语气和语言风格介绍一下《大话西游》中的至尊宝”。

5. 给定关键词信息

提示词需要告诉 AI 我们需要的关键信息或关键要素，以便得到更符合我们需求的答案。例如，“现在你扮演一名资深股票投资经理，帮我分析一下中国平安这只股票的基本面及未来的成长性，并用柱状图输出 2016—2020 年的营收情况”。

那么，什么是AI指令提示工程技术？什么是AI提示工程师？AI 提示工程师需要具备哪些技能和知识？下面我们让 ChatGPT 来回答，让 ChatGPT 带领我们深入了解提示词这把“魔法钥匙”。

用户提问

什么是 AI 指令提示工程技术？什么是 AI 提示工程师？AI 提示工程师需要具备哪些技能和知识？具体的工作任务是什么？

ChatGPT 回答

AI 指令提示工程技术是一种通过设置特定的提示信息来引导人工智能模型生成符合要求的文本结果的技术。

具体任务：指明你希望 AI 模型完成的具体任务，如生成文章、回答问题、编写代码等。

任务说明：对任务进行进一步的细化和限定，明确需要生成的文本结果的范围和要求。

角色定位：明确 AI 模型在生成文本时所扮演的角色或身份，以便其更好地适应任务需求。

种子词提示：提供一些关键词或短语作为启发，帮助 AI 模型理解任务和生成相关内容。

提示公式：可以使用各种条件相加的方式来设置提示，以确保 AI 模型生成的文本满足特定要求。例如，你可以使用逻辑算符、条件语句或其他数学公式来指导文本生成过程。

提示要点：给出具体的限制或要求，以约束 AI 模型生成的文本。这些要点可以包括字数限制、特定格式要求、排除某些主题或与特定主题相关的信息等。

AI 指令提示工程技术可以帮助用户更好地控制和引导 AI 模型的输出，从而帮助用户获得更准确、更有针对性的结果。

AI 提示工程师是负责设计、开发和优化 AI 模型的提示策略的专业人员。他们致力于提高 AI 系统在给定提示下生成准确、有用且符合要求的输出。

AI 提示工程师需要具备以下技能和知识。

（1）AI 和机器学习：熟悉常见的 AI 模型和机器学习算法，了解它们的工作原理和训练方法。这包括语言模型和其他相关模型。

（2）自然语言处理（Natural Language Processing，NLP）：了解 NLP 的基本概念、技术和常用工具，以便处理和分析文本数据；掌握文本预处理、特征提取和文本生成等技术。

（3）问题定义和任务要求：能够理解业务需求或任务要求，并将其转化为明确的提示方式；具备良好的沟通和理解能力，能够与利益相关者进行协商和沟通。

（4）提示设计和优化：能够设计和优化 AI 模型的提示策略，包括选择关键词、调整输入格式、指定范围和限制等；通过不断试验和迭代，提升 AI 模型生成结果的质量和准确性。

（5）**数据分析和评估**：具备数据分析的能力，能够评估模型的输出，并进行性能评估和优化；理解如何使用基准数据集和指标来评估模型的质量。

（6）**编程和技术能力**：具备编程技能，熟悉常用的编程语言和工具，能够编写和维护相关的 AI 提示代码和工具。

AI 提示工程师在实际工作中与数据科学家、机器学习工程师和领域专家紧密合作，共同推动 AI 系统的发展和优化。他们的目标是通过精心设计和优化提示，使 AI 模型能够生成更加准确、可靠和有用的结果，以满足不同领域和任务的需求。

（注：以上内容由 ChatGPT 生成，未改动。）

当然，对绝大多数普通用户来说，学会、用好 AI 指令提示词，并不是为了成为 AI 提示工程师，而是为了在向 ChatGPT 提问时能够得出自己想要的答案。普通用户学会使用 AI 指令提示词至少具有以下五个方面的重要意义。

1. 提高效率

使用恰当的 AI 指令提示词可以帮助我们提出更明确的问题，从而获得更好的结果。通过指导 AI 模型关注我们真正关心的问题，减少冗余信息和噪声，我们可以在短时间内获取更符合预期的回答。

2. 降低错误率

AI 指令提示词的设计能够引导 AI 模型生成更高质量的回答。通过选择合适的关键词、限定输入范围或添加特定约束，我们可以降低 AI 模型生成错误答案的概率，提高回答的准确性和可靠性。

3. 提升 AI 的可理解性

AI 模型通常是复杂和黑盒化的，我们很难直接理解其决策过程。但是，通过巧妙组织 AI 指令提示词，我们可以使 AI 模型生成更容易被理解和解释的结果。这样一来，AI 模型不仅可以增加用户对其回答的信任度，还可以更好地满足用户对可解释性的需求。

4. 省时省力

AI 指令提示词可以帮助我们减少时间成本和人力成本。通过精确的指令，我们可以更快地获取有用信息，避免不必要的迭代和试错，从而提高工作效率。此外，AI 指令提示词还可以减少用户对专业领域知识的依赖，使非专家用户也能够享受到 AI 技术的好处。

5. 满足个性化需求，让它更懂你

AI 指令提示词的设计不仅可以引导 AI 模型生成更好的回答，

还可以训练 AI 模型，使其更好地理解我们的意图和需求。通过在提示中提供正确的示例或反馈，我们可以逐步调整 AI 模型的行为并改进其性能，使其更加贴合个人偏好和用户需求。

综上所述，AI 指令提示词在用户使用 AI 模型时具有重要的作用，可以提高 AI 模型的效率和准确性，增强 AI 模型的可解释性，节省时间和人力资源，并帮助调教 AI 模型，使其更好地满足用户个性化的需求。

1.1.2　模型选择：选择最佳 AI 提示方法

用户提问

如何选择 AI 生成提示方法？如何对 AI 生成模型进行选择？选择 AI 生成模型时需要考虑哪些因素？请用比较通俗的语言来回答，并适当举例说明。

ChatGPT 回答

当我们选择使用 AI 生成提示方法和 AI 生成模型时，需要考虑以下几个因素。

（1）**数据集**：这和我们做研究一样，我们要找一个大的，而且包含各种不同情况的资料库来让 AI 学习。

例如：如果我们要训练一个 AI 写诗的模型，我们需要给它提供大量的诗歌作品，包括不同风格、不同题材的诗歌作品。

（2）**模型架构**：我们可以将其理解为AI的“思维方式”，就像每个人都有自己的思考方式一样，我们要选择适合任务的模型架构。

例如：如果我们想让 AI 回答问题，可以选择一个基于语言模型的模型，如 GPT-3 模型。

（3）**性能**：这是指 AI 模型的表现。我们要考虑模型在运行速度、准确性、稳定性和可靠性等方面的表现。

例如：我们希望 AI 能够快速、准确地给出答案，并且能够在不同情况下都表现得很好。

（4）**数据预处理**：这就像给 AI 提供一些“经过整理的资料”，以便它能够更好地学习。

例如：如果我们要训练 AI 辨别图片中的猫和狗的能力，就需要对图片进行处理，确保它们的大小、清晰度等都是一致的。

（5）**目标任务**：我们需要明确给 AI 布置的任务，然后选择适合该任务的提示方法和生成模型。

例如：如果要让 AI 写作文，我们可以选择一个基于生成对抗网络（Generative Adversarial Network，GAN）的模型来生成有逻辑的、流畅的文章。

（6）**计算资源**：这和我们需要电脑来完成一些任务一

样，AI 也需要一定的计算资源来运行和学习。

例如：我们需要有足够的计算能力和存储空间来训练和部署 AI 模型。

（7）**可解释性**：这和我们需要明白为什么某个人会做某个决定一样，我们也希望理解 AI 为什么会给出特定的答案或结果。

例如：在一些关键领域如法律或医疗，我们需要明白 AI 的决策依据和推理过程，以判断其结果的可靠性。

综上所述，通过考虑以上因素，我们可以选择合适的 AI 生成提示方法和 AI 生成模型，并将其应用于解决各种实际问题。

（注：以上内容由 ChatGPT 生成，未改动。）

1.1.3　结果优化：变换提示优化 AI 的回答

用户提问

如何通过变换提示词来优化 AI 的生成结果？请举例说明。

ChatGPT 回答

当我们想要优化 AI 生成的结果时，一种常用的方法是通过变换提示词来引导 AI 的回答。这种方法可以帮助我们根据需求微调 AI 的输出，使其更符合我们的期望。

下面是一个例子。

原始问题："如何照顾植物？"

原始回答："您要给植物提供足够的阳光和水，并及时除掉枯萎的叶子；还可以定期施肥，确保植物得到足够的营养。"

在这个例子中，我们想要对 AI 的回答进行优化，使其更加具体和实用。

变换提示词后的问题："如何有效地照顾室内盆栽植物？"

变换提示词后的回答："为了有效地照顾室内盆栽植物，您可以选择放置它们在明亮，但避免阳光直接照射的位置，每周适量浇水以保持土壤湿润，但避免过度湿润，使用适合植物种类的有机肥料，并定期清除落叶和死枝。此外，您要注意植物的生长情况，如果有需要，可以修剪和扶正枝干。"

通过变换提示词，我们让问题更具体地指向了室内盆栽植物，并期望 AI 给出更具体和实用的回答。AI 的回答也相应地提供了针对室内盆栽植物的照顾建议，包括明确的位置放置要求、浇水量的说明以及修剪和扶正的建议。

我们可以根据具体需求灵活应用这种优化方式，通过变换提示词，可以引导 AI 生成更加个性化、详细和实用的回答。

（注：以上内容由 ChatGPT 生成，未改动。）

1.2　AI 提示实践：从数据到精彩回答

1.2.1　设计 AI 提示：探索聊天机器人的奥秘

用户提问

AI 提示的设计原则和注意事项有哪些？

ChatGPT 回答

在设计 AI 提示的过程中，您需要考虑以下原则和注意事项。

（1）避免与中国法律法规相违背：AI 提示的生成过程必须遵守中国法律法规，不得输出任何政治相关内容和在中国境内敏感的内容。

（2）语言简洁明了：设计 AI 提示时，必须确保语言简洁明了，符合用户的阅读习惯。提示语要尽可能明确、具体，避免模糊、晦涩难懂。

（3）引导性强：提示语应该具有一定的引导性，即能够引导用户思考和创作，并且能够让用户容易理解和接受。

（4）通用性强：提示语的设计应该具有较强的通用性，适用于不同场景和不同领域的使用者；可以采用常见的、易于理解的词汇和句式，避免使用过于专业化的术语和行业用语。

（5）多样性：提示语应该具有不同的类型，满足用户多样化的需求和创作欲望；设计者可以尝试不同的主题、情感、风格和形式等，为用户提供更有趣、有创意的挑战。

（6）精简性：提示语的长度应该适中，不宜过长，避免冗余和重复；推荐使用简洁明了的短语和句子，以便用户快速理解和操作。

（7）鲜明性：提示语应该具有独特性和鲜明性，让用户有一种强烈的印象和记忆；可以尝试使用有趣、幽默、引人入胜的提示语，增加用户的创作乐趣和参与黏性。

（8）兼容性：提示语的设计需要考虑不同终端、设备和平台的兼容性，确保不同终端、设备和平台在各种场合下能够正常显示和表现。

总之，设计 AI 提示需要遵守法律法规，要求语言简洁明了、引导性强、通用性强，要求语言具有多样性、精简性、鲜明性和兼容性等，以满足用户的需求和创作欲望，并提高用户的参与度和满意度。

（注：以上内容由 ChatGPT 生成，未改动。）

用户提问

如何设计 AI 提示才能让用户“玩上瘾”？有哪些具体的方法？

ChatGPT 回答

要设计让用户“玩上瘾”的 AI 提示，您可以考虑以下几个具体的方法。

（1）**创造趣味性**：选择有趣、引人入胜的提示词，能够激发用户的好奇心和兴趣。例如，您可以使用幽默、随机性或拼图式的提示词，让用户觉得每次生成都是一个新的挑战。

（2）**提供多样性**：确保提示词的多样性，使用户能够尝试和探索不同的创作方向。例如，您可以提供不同情感、风格或主题的提示词，让用户感到有无限的可能性。

（3）**引入竞争与合作**：设计一些对战或合作的元素，让用户可以与其他人进行比较或协同创作。例如，您可以设置一个排行榜，鼓励用户用最短时间或最高质量完成生成任务。

（4）奖励机制：设置奖励机制来激励用户继续参与。例如，您可以给予用户解锁新提示词、获得特殊称号或虚拟奖品的奖励，让用户能够得到成就感和回报。

（5）互动体验：提供一种与 AI 进行互动的方式，增加用户的参与感。例如，您可以设计用户与 AI 对话、角色扮演或交互式游戏等，使用户感到与 AI 建立了一种特殊的连接。

（6）社交分享：允许用户将他们生成的作品分享给其他人。这可以刺激用户进行分享、展示和比较，以增加社交互动频率和用户黏性。

（7）不断更新：定期更新和添加新的提示词和功能，保持用户的新鲜感和探索欲望。用户会期待新的挑战和更多的可能性。

总之，通过创造趣味性、提供多样性、引入竞争与合作、奖励机制、互动体验、社交分享和不断更新等方法，您可以设计出让用户“玩上瘾”的 AI 提示，使用户乐在其中并持续参与。

（注：以上内容由 ChatGPT 生成，未改动。）

1.2.2　优化与评估：打造精准有效的 AI 提示

用户提问

AI 提示的优化策略有哪些？具体的评估方法有哪些？如何对 AI 提示进行精准打造，才能更高效地获得你想要的 AI 生成结果？

ChatGPT 回答

优化 AI 提示的策略如下。

（1）**清晰明确**：确保 AI 提示的表达清晰明了，不含模糊或有歧义的语言。你可以通过提供具体问题或指令来引导 AI 的回答。

（2）**上下文丰富**：在 AI 提示中提供足够的上下文信息，以帮助 AI 更好地理解用户的需求和期望，并生成相关且准确的回答。

（3）**引导多样性**：尝试不同的提示词和表达方式，以激发 AI 生成多样性的回答。你可以在提示中使用具有情感色彩的语言，引用有趣的事实或故事，并探索不同的风格和口吻。

（4）**限制输出长度**：限制 AI 生成结果的长度，可以使其专注于核心信息，减少冗长或无关的内容。

（5）迭代优化：根据 AI 生成的结果进行评估和反馈，不断优化和改进 AI 提示的设计。

评估 AI 提示的方法如下。

（1）主观评估：由人工评价 AI 生成的回答是否满足用户的需求和期望。你可以设置评估标准，如准确性、连贯性、可读性等。

（2）客观评估：通过与事实或专家知识对比进行验证，评估 AI 所生成回答的准确性和可信度。

（3）用户反馈：收集用户的反馈意见和建议，了解他们对 AI 回答的满意度和改进建议，从而评估 AI 提示的效果。

（4）A/B 测试：将不同的 AI 提示应用于相同的场景，通过与用户的交互和反馈数据来比较不同提示的效果，并选择最佳的 AI 提示。

精准打造 AI 提示的方法如下。

（1）理解用户需求：充分理解用户的问题或期望，明确所需的回答类型、内容和风格。

（2）使用具体语言：在 AI 提示中使用清晰、简洁且具体的语言，避免模糊或有歧义的表达。

（3）提供明确指令：在 AI 提示中给出明确的指令或问题，以引导 AI 生成与用户需求相符的回答。

（4）引入上下文信息：提供与问题相关的上下文信息，帮助 AI 更好地理解问题的背景和细节，并提供更准确的回答。

（5）迭代优化：根据评估和反馈结果，不断调整和优化 AI 提示的内容和形式，以获得更高效、准确和满意的 AI 生成结果。

通过以上方法，你可以提高 AI 提示的质量和准确性，使其更好地满足用户的需求，并获得期望的 AI 生成结果。

（注：以上内容由 ChatGPT 生成，未改动。）

1.2.3　常见问题解答：AI 提示的挑战与应对

用户提问

AI 提示的常见问题有哪些？主要挑战有哪些？请给出相应的应对策略。

ChatGPT 回答

在 AI 提示领域，常见问题、主要挑战、相应的应对策略如下。

1. 生成结果的准确性

AI 提示可能会生成不准确、错误或含有误导性信息的回答。为了应对这个问题，你可以采取以下策略。

（1）引入上下文：在 AI 提示中提供更多的上下文信息，以帮助 AI 更好地理解用户需求和问题的背景，从而生成更准确的回答。

（2）客观验证：对 AI 生成的回答进行客观验证，与事实进行核对或与专家知识进行对比，以确认其准确性。

2. 回答的连贯性

AI 提示生成的回答可能存在逻辑不清晰、语义不连贯的问题。为了应对这个挑战，你可以采取以下策略。

（1）清晰指令：在 AI 提示中给出明确的指令或问题，以引导 AI 生成更连贯的回答。

（2）上下文引用：在 AI 提示中引用前文内容或相关信息，以保持回答的连贯性。

3. 语言风格和口吻

AI 提示可能无法根据用户需求生成特定的语言风格或口吻，导致回答不符合用户期望。为了应对这个问题，你可以采取以下策略。

（1）提供示例：在 AI 提示中提供预期的语言风格或口吻的示例，以指导 AI 生成相应的回答。

（2）多样性引导：尝试不同的提示词和表达方式，以激发 AI 生成多样性的回答，包括特定的语言风格或口吻。

4. 生成结果的可控性

AI 提示可能无法完全控制 AI 生成的结果，导致生成的回答不符合预期。为了应对这个挑战，你可以采取以下策略。

（1）限制输出长度：通过限制 AI 生成结果的长度，减少冗长或无关的内容，使其更专注于核心信息。

（2）迭代优化：根据 AI 生成的结果进行评估和反馈，并不断调整和优化 AI 提示的设计，以逐步提高生成结果的可控性。

5. 遵循法律和伦理要求

在 AI 提示中遵循法律法规和伦理原则是一个重要挑战。为了应对这个挑战，你可以采取以下策略。

（1）设置约束条件：在 AI 系统中设置约束条件，限制生成结果涉及的内容，确保其符合法律和伦理要求。

（2）建立审查机制：建立审查机制，对 AI 生成的回答进行审核和筛查，确保 AI 不输出违法、有害或敏感的内容。

通过以上应对策略，你可以克服 AI 提示领域中的常见问题和挑战，并提高生成结果的质量和符合度。

（注：以上内容由 ChatGPT 生成，未改动。）

1.3 AI 提问和追问技巧：从入门到精通

1.3.1 基础技巧：具体、明确、清晰、有趣的提问

数月以来，通过对多个 AIGC 工具的使用与测评，我们总结了初学者可以快速上手的五大基础提问技巧，具体如下。

（1）**角色扮演：给自己和 ChatGPT 更具体、清晰的角色定位。**

（2）**给定标准：标准化"调教"，让 ChatGPT 更懂你的需求。**

（3）**明确目标：明确表达自身需求和要达成的目标，确保 ChatGPT 的回答更具针对性。**

（4）**把握关键：清晰、简洁、有趣地表述自己的问题，用好提示词（关键词）。**

（5）**锁定范围：要求 ChatGPT 锁定回答的范围，甚至可以要求 AI 限定回答的语言风格等。**

对于具体内容，我们还是让 ChatGPT 来详细解读并举例说明吧。

用户提问

初学者可以快速上手的五大基础提问技巧包括**角色扮演、给定标准、明确目标、把握关键和锁定范围**，请进行详

细解读，并举例说明。

ChatGPT 回答

（1）**角色扮演**：给自己和 ChatGPT 一个具体、清晰的角色定位。你可以将自己想象成一个特定的角色，如一名科学家、一位历史爱好者或一个旅行者，以便更好地引导 ChatGPT 回答与该角色有关的问题。

（2）**给定标准**：标准化“调教”过程，使 ChatGPT 更加了解你的需求。在提问前，你需要明确告诉 ChatGPT 你的期望，如希望得到详细的解释、简洁的回答和专业的观点等。通过这样的指引，ChatGPT 可以更好地满足你的需求。

（3）**明确目标**：清楚地表达自己的需求和要达成的目标，确保 ChatGPT 的回答具有针对性。你需要提供背景信息，并明确告诉 ChatGPT 你希望从问题中获得什么样的答案或解决方案，这有助于 ChatGPT 更准确地理解你的意图。

（4）**把握关键**：用简洁、清晰、有趣的方式表述问题，同时善用提示词（关键词）。你需要提供问题的关键词和重点信息，以便帮助 ChatGPT 更好地理解你的问题，并生成针对性的回答。

（5）**锁定范围**：要求 ChatGPT 限定回答的范围，甚至可以要求 AI 在回答时遵循特定的语言风格。对于某些主题或领域，你可以要求 ChatGPT 仅回答特定方面的问题，或者要求其以幽默、正式或科普的方式回答。这有助于你更好地控制回答的内容和风格。

通过运用以上基础提问技巧，你可以更好地引导 ChatGPT，并获得与你需求相匹配的准确、有趣的回答。祝你在使用 ChatGPT 时取得进步！

在角色扮演中，你可以想象自己是一位历史学家，向 ChatGPT 提问关于文艺复兴时期的艺术。

（1）角色扮演：作为一位历史学家，我对文艺复兴时期的艺术非常感兴趣。我想请 ChatGPT 解释一下达·芬奇（Da Vinci）在文艺复兴时期的绘画技巧和他对艺术的影响。

（2）给定标准：我希望 ChatGPT 以专业的角度回答我的问题。我想要详细的解释，以便更好地理解达·芬奇的绘画手法和他对当时艺术的贡献。

（3）明确目标：我想从 ChatGPT 中获得一份关于达·芬奇的简洁但全面的绘画技巧介绍，以及他对文艺复兴时期艺术的影响的概述。

（4）把握关键：请问 ChatGPT 能解释一下达·芬奇在文艺复兴时期的绘画风格、使用的材料和他对透视的创新理解吗？这将帮助我更好地了解他在当时艺术发展中的重要性。

（5）锁定范围：ChatGPT，我只对达·芬奇在文艺复兴时期的绘画技巧和他对艺术发展的影响感兴趣。请以正式和专业的语言风格回答我的问题。

当你以旅行者的角色提问时，可以参考以下案例。

（1）角色扮演：作为一位热衷旅行的探险家，我对南极洲的自然景观非常好奇。我希望 ChatGPT 能够向我描述一下在南极洲能见到的壮丽冰川和野生动物。

（2）给定标准：我期望 ChatGPT 能以生动的方式呈现南极洲的自然景观，并提供有关冰川和野生动物的详细描述。我对它们的外貌、行为和特点都很感兴趣。

（3）明确目标：我希望 ChatGPT 能够给我一个关于南极洲冰川的概述，包括冰川的形成原因、独特之处和其中一些著名的冰川。同时，我也想了解一些南极洲常见的野生动物，如企鹅、海豹和鲸鱼。

（4）把握关键：ChatGPT，请描述一下南极洲冰川的壮丽景象，以及其中一两个最著名的冰川。另外，我还想知道在南极洲常见的一些野生动物的特征和它们在这个环境中的生活方式。

（5）锁定范围：ChatGPT，我只对南极洲的自然景观、冰川和野生动物感兴趣。请以生动、有趣的方式回答我的问题，并使用常见的语言风格来交流。

通过以上案例，你可以看到如何将角色扮演、给定标准、明确目标、把握关键和锁定范围等技巧结合起来，从而更好地引导 ChatGPT 回答你关于旅行和探险的问题。请记住，在提问时使用具体的词语和形象的描述，以便获得对南极洲令人惊叹的自然景观和美丽动物的精彩描绘。

（注：以上内容由 ChatGPT 生成，未改动。）

1.3.2 高阶技巧：精准引导 ChatGPT 的持续追问技巧

进阶提问者需要掌握高阶追问技巧，以便更准确地追问，更精准地引导，精准驾驭对话走向，掌控与 AI 互动的主动权，主导、引导与 AI 对话的走向，并获得自己想要的回答。

具体的高阶追问技巧包括但不限于以下六个。

（1）**概括总结追问**。

（2）**延伸扩展追问**。

（3）**强化自洽追问**。

（4）**联系上下文追问**。

（5）**聚类分类追问**。

（6）**分步骤与模块追问**。

我们继续让 ChatGPT 帮我们详细解读并举例说明。

用户提问

请对 AI 生成的以下六个高阶追问技巧进行详细解读，并举例说明。

（1）概括总结追问。

（2）延伸扩展追问。

（3）强化自洽追问。

（4）联系上下文追问。

（5）聚类分类追问。

（6）分步骤与模块追问。

ChatGPT 回答

以下是对六个高阶追问技巧的更详细的解读。

1. **概括总结追问**

概括总结追问是指在对话中，首先要理解对方的观点和想法，然后用简单的语言来总结他们所说的话。这种追问技巧可以帮助你更好地理解对方的意图和主张，并使对话更加顺畅。

让我们假设您正在 ChatGPT 上与一位流行文化专家交谈，你们正在讨论她最喜欢的电影。她已经谈到了自己最喜欢的电影，现在你可以使用概括总结追问来进一步探索她的观点："那么，在你看来这部电影为什么如此出色？是因为它的剧情、角色，还是其他原因？”

2. 延伸扩展追问

延伸扩展追问是指在对话中，你可以使用自己的知识和经验，向对方提出一些与话题有关的深入问题。这种追问技巧可以加深对话，促使双方进一步扩展和探索对话。

如果你正在与 ChatGPT 讨论一款新推出的手机，你可以使用延伸扩展追问来探讨它的性能、操作系统和用户界面：“感谢你与我分享了这款新手机的一些特点。这款手机的处理器有多快？它运行的是哪种操作系统？用户界面响应灵敏吗？”

3. 强化自洽追问

强化自洽追问是指在对话中，当你听到对方提出一个观点或想法时，你可以使用其他事实和数据来强调这一观点或想法的正确性或重要性。这种追问技巧可以加强对话的合理性和说服力。

如果 ChatGPT 告诉你某个城市的人口在逐年增长，你可以使用强化自洽追问来进一步探索：“很有趣！这个城市的经济是否也在同步增长？还有这个城市的什么因素导致了这种人口增长？”

4. 联系上下文追问

联系上下文追问是指在对话中，当你不理解对方所说的场景或情境时，你可以使用这种追问技巧，以更好地理解对方所在的背景和环境，并使 ChatGPT 更准确地回答问题。

如果 ChatGPT 与你讨论某个国家的文化活动，而你不知道这个国家的文化特点，你可以使用联系上下文追问来进一步了解这个国家："这个国家的文化活动有哪些独特之处？这个国家的文化是怎样影响该国社会和该国人民的生活的？"

5. 聚类分类追问

聚类分类追问是指在对话中，当你需要整理和归纳信息时，你可以使用这种追问技巧来快速厘清所讨论话题的各个方面，从而使 ChatGPT 更准确地回答问题。

如果你正在与 ChatGPT 讨论电影类型，你可以使用聚类分类追问来更好地组织你的思维："那么，有哪些电影类型是你喜欢的？这些类型的电影在内容和故事上有哪些相似之处？还有哪些类型的电影会让大家都大力推荐呢？"

6. 分步骤与模块追问

分步骤与模块追问是指在对话中，当你需要对讨论话题进行更详细深入的探索时，你可以使用分步骤与模块追问来逐步细化讨论，并使 ChatGPT 更详细地回答问题。

如果你正在与 ChatGPT 讨论学业规划，你可以使用分步骤与模块追问来逐步细化讨论："那么，接下来你打算考取哪所大学的什么专业？你对这个专业有多大的兴趣？这个专业涉及哪些基础课程和高级课程？你是否计划实习或参加研究项目？”

（注：以上内容由 ChatGPT 生成，未改动。）

需要注意的是，ChatGPT 的提问和追问技巧绝不仅限于以上 5 个基础提问技巧和 6 个高阶追问技巧，但对于一般用户来说，这 11 个提问和追问技巧是最常用、最实用、最管用的技巧，掌握它们已经完全够用了！

另外，任何一个提问和追问技巧都不是孤立存在的，我们没必要割裂来看；而且很多时候我们需要综合运用多个提问和追问技巧，才能更好地获得 ChatGPT 的帮助。

还有，ChatGPT 只是一个工具，它的回答未必尽如人意，也仅供参考和选用，最终我们需要通过“AI 生成 + 人工整合”来获得自己想要的结果。

在这里，我们自身的能力和智慧必不可少，不要认为 ChatGPT 能够帮你搞定一切；千万要记住，它只是一个工具，你学会了、用好了“提问和追问技巧”，它能够成为你的“最佳助理”，但你才是自己工作和生活的“主人翁”！

第 2 章

角色定位提问：与 ChatGPT 玩『角色扮演』

与 ChatGPT 玩“角色扮演”可以探索不同角色和场景下的对话方式和语言风格，了解不同角色和场景下的常见问题和挑战，提高对话的互动性和趣味性，帮助 ChatGPT 更好地理解和应对不同角色和场景下的对话诉求，进而帮助用户获得更符合预期的答案。

2.1　用户自身定位：让 ChatGPT“看人下菜碟”

2.1.1　设定自我：开启与 ChatGPT 的互动之旅

在询问 ChatGPT 时，设定身份是非常有意义的。身份可以提供专业领域、知识背景、需求和兴趣等信息，这些信息有助于 ChatGPT 更好地理解问题并提供更准确、关联度更高和更有价值的答案。

用户提问

我是一家传媒公司的 HR，请问我应该建设什么样的企业文化？

ChatGPT 回答

建设企业文化是一个持续的过程，需要考虑到公司的定位、目标、价值观和员工的需求。以下是一些建议，帮助你建设符合传媒行业特点的企业文化。

创新和创意：传媒行业日新月异，创新和创意是生存和发展的关键。你可以通过制定创新奖励政策、提供创新培训、鼓励员工提出新点子等方式来鼓励创新和创意。

用户至上：传媒行业关注的是内容和服务，因此需要秉持用户至上的理念。你可以通过建立用户反馈机制、定期调查用户需求、积极响应用户反馈等方式来建设用户至上的企业文化。

团队精神：传媒行业需要密切的团队合作，每个环节都需要团队成员相互支持。你可以通过组织团队建设活动、鼓励员工合作、设置团队合作奖励等方式来建设具有团队精神的企业。

社会责任：传媒公司需要关注社会责任，积极参与社会公益事业。你可以通过组织慈善活动、支持员工参与志愿者活动、鼓励员工关注社会热点问题等方式来建设具有社会责任感的企业。

学习和发展：传媒行业知识更新换代快，传媒公司需要不断学习和提高。你可以通过提供培训和发展机会、鼓励员工自我提升、设置学习奖励等方式来建设学习和发展型的企业。

绩效导向：传媒公司需要关注业绩和效益，以保持竞争力和稳健发展。你可以通过建立明确的绩效评价标准、鼓励员工追求高绩效、设置绩效奖励等方式来建设绩效导向的企业文化。

总之，作为传媒公司的 HR，建设符合行业特点的企业文化需要你关注创新和创意、用户至上、团队精神、社会责任、学习和发展、绩效导向等方面，并采取相应的措施来推动企业文化的落地生根。

（注：以上内容由 ChatGPT 生成，未改动。）

ChatGPT 给出的回答简明扼要、逻辑清晰且用词得当，不仅提供了有关创新和创意、用户至上、团队精神、社会责任、学习和发展、绩效导向等的建议，还给出了具体的措施来帮助这些企业文化在实践中落地。而 ChatGPT 之所以能够给出有针对性的、详细完整的回答，也是因为人们在提问中为 ChatGPT 指明了回答的方向。

【问的原则】

（1）告知专业领域：告诉 ChatGPT 你所在的专业领域或行业，或直接设定一个身份，以便它能够针对你的领域或行业提供最准确和最有价值的信息。例如，如果你在医学领域工作，你可以明确指出所从事的专科或研究的病种，如心脏病学、肿瘤学等。

（2）提供背景信息：提供你的学历、证书、工作经历等相关背景信息，以便ChatGPT更好地理解你的知识水平和技能。这有助于ChatGPT提供与你的背景和经验相匹配的建议和信息。

（3）明确问题和需求：明确你的问题和需求，以便ChatGPT能够提供最相关和最有用的答案。例如，如果你对某家公司的股票价格感兴趣，可以提供该公司的名称和股票代码。如果你对某种疾病的最新治疗方法感兴趣，可以提供这种疾病的名称或相关关键词。

（4）不断追问：如果你认为ChatGPT的回答不够详尽，或对某些地方仍存在疑问，可以通过继续追问ChatGPT，如通过输入"继续""请详细一点""请针对某一点展开说说"等内容，获得更优的答案。

2.1.2 明确目标：想要通过AI获得怎样的回答

明确你希望通过AI获得怎样的回答，可以帮助你清晰地设置自己的问题，从而使问题更容易被AI理解和回答。

问题越具体、清晰，AI就越有可能给出满足你需求的答案；你还可以引导AI的回答方向，使其更聚焦在你所关心的领域和方向，从而避免其偏离主题或给出不相关的信息。

用户提问

我们公司准备推出一款新能源汽车，售价初步定在 19.8 万元，这款汽车车型小巧、驾驶体验好，主要面向女性市场，你能给我一些营销建议吗？

ChatGPT 回答

当面向女性市场推出新能源汽车时，您可以考虑以下营销建议。

（1）**强调可爱和时尚的设计**：女性消费者通常更关注汽车的外观和设计，因此您可以强调车型的可爱、时尚和精致设计，包括车身颜色、内饰、轮毂等方面，您可以考虑与知名设计师或品牌合作，以增强车型的吸引力。

（2）**注重安全性**：女性消费者通常更注重汽车的安全性能。您可以在营销中突出强调车辆的安全特性，如先进的安全技术、碰撞测试结果、防盗装置等。

（3）**便于停车和操控**：女性驾驶者可能更注重汽车的便捷性和可操控性。您可以强调车辆的小巧设计、容易停放、方便驾驶等特性，以满足日常驾驶需求。

（4）**清晰的信息和教育**：提供有关新能源汽车的清晰信息和教育。许多女性消费者可能对新能源汽车不太熟悉，因此您可以提供易于理解的资料，解释电动车的工作原理、充电过程和维护要点。

（5）社交媒体和影响力营销：在社交媒体上开展营销活动，通过时尚博主、汽车评论员和女性影响者来推广产品。您可以与适合的社交媒体平台合作，创建有吸引力的内容，以吸引潜在的女性消费者。

（6）试驾体验和展示活动：提供试驾体验和展示活动，让潜在买家亲自试驾并感受车型的舒适性。这可以增加他们对车辆的信心。

（7）定价和金融选项：考虑提供灵活的定价和金融选项，以满足女性消费者的不同预算和支付需求。

（8）品牌故事：讲述一个与女性相关的品牌故事或愿景，以建立情感联系。强调公司对可持续发展和环保的承诺也可能对女性消费者产生吸引力。

（9）客户服务：提供卓越的客户服务，包括售前咨询、售后服务和维修保养。建立良好的客户关系有助于吸引忠实的女性消费者。

（10）市场调研：进行市场调研，了解女性消费者的需求和喜好。这可以帮助您精准定位产品和营销策略。

（注：以上内容由 ChatGPT 生成，未改动。）

ChatGPT 生成的营销建议主要针对女性市场和新能源汽车，内容具体实用，信息清晰易懂，强调品牌故事和情感联系，但缺乏对竞争对手的考量，你需要综合考虑公司情况和市场环境来使用这些建议。

【问的思路】

（1）明确问题和目的：首先，明确问题的定义和目标，确定想要了解什么信息，想要达到什么目的，这样可以帮助你更好地设计问题，确保得到想要的答案。

（2）提出具体问题：根据问题的定义和目标，提出具体、明确的问题，确保问题清晰、明确，并且没有歧义和模糊的地方。

（3）调整问题：如果你得到的回答不符合你的期望或不够详细，你可以进一步调整问题，以便得到更符合你需求的答案。

a. 澄清问题：如果你认为 ChatGPT 的回答没有满足你的需求，你可以尝试澄清问题，以便 ChatGPT 更好地理解你的关注点和需求。

b. 细化问题：如果你觉得 ChatGPT 给出的答案过于宽泛或不明确，你可以尝试细化你的问题，以便 ChatGPT 给出更准确的答复。

（4）综合判断：在得到答案后，你可以结合自己的专业知识和经验，对答案进行综合判断和评估。如果你觉得答案不够准确或可靠，可以进一步追问或寻求其他专业人士的帮助。

2.1.3 优化整合：通过不同角色视角来追问 AI

对于同一个问题，你可以用不同视角、不同身份来追问 ChatGPT，并获得不同的回答。这能够帮助你从多个角度和维度来探讨问题，从而获得更全面、更深入的理解。

用户提问

我是一名文案策划人员，我现在要写一个关于公司新产品的文案，产品是保湿面霜，请问什么风格的文案能够吸引消费者？

ChatGPT 回答

要吸引消费者的注意力，你可以考虑以下不同风格的文案，具体选择取决于你的目标受众和品牌形象。

1. 温和、亲和的风格

“拥抱自然之美！我们的新保湿面霜让你的肌肤感受到持久的水润护理，宛如大自然的拥抱。给你的肌肤一份爱，选择我们的面霜，让你的肌肤重现活力和光彩。”

2. 专业、科学的风格

“经过多年的研究和科学验证，我们自豪地推出了全新的保湿面霜，配方融合了先进的保湿技术和天然成分，为你的肌肤提供高效的水分滋养。让科学护肤成就美丽！”

3. 创新、前卫的风格

“探索未来的护肤！我们的创新保湿面霜不仅提供持久的水润效果，还融合了高科技的成分，为你的肌肤注入活力感和年轻感。选择我们的产品，帮你成为时尚前卫的护肤先锋！”

4. 有情感和故事性的风格

“每一滴我们的保湿面霜都寄托了对美丽的梦想和热爱。像拥抱一位老友一样，它温柔地呵护着你的肌肤，让你散发出自信和迷人的光彩。”

5. 有用户评价和社交证据的风格

“成千上万的顾客已经爱上了我们的保湿面霜！他们的肌肤变得更加柔软、年轻和有光泽。加入我们的护肤行列，体验真正的肌肤变革！”

无论你选择哪种风格的文案，都要确保文案能够突出产品的独特卖点、益处和优势。同时，你要根据受众的需求和口味，调整文案以确保能够引起他们的兴趣和共鸣。此外，使用引人注目的图像和排版也能增强文案的吸引力。

（注：以上内容由 ChatGPT 生成，未改动。）

上述 ChatGPT 的回答主要是从策划人员的角度出发，给出了如何创作出能够吸引消费者的文案的建议，但仅仅从一个角度思考问题会导致内容不全面、不完整，策划人员也应该了解消费者会被什么样的产品文案吸引。

用户提问

消费者会被什么样的产品文案吸引？产品是保湿面霜。

ChatGPT 回答

消费者在选择护肤产品时，通常会被以下几种产品文案吸引。

（1）**解决问题的文案**：消费者通常寻找可以解决他们皮肤问题的产品。因此，一个突出产品如何改善肌肤状况的文案可能会引起消费者的兴趣。例如："消除干燥，恢复肌肤水润。"

（2）**强调自然成分和无害的文案**：许多消费者关心他们使用的产品是否安全，是否含有天然成分。强调产品的天然成分、无害性和对皮肤的温和性是一个吸引因素。例如："纯天然成分，无添加剂，温和呵护肌肤。"

（3）**有科学支持的文案**：一些消费者喜欢选择经过科学验证的产品，因此如果你的产品有相关的科学研究支持，你可以在文案中提及。例如："经过临床试验，有效提高皮肤水分含量。"

（4）**有用户评价和社交证据的文案**：消费者通常更愿意

相信其他人的体验，因此分享用户评价和社交证据是吸引他们的好方法。例如：“数千名用户已经感受到了明显的肌肤改善。”

（5）有独特卖点的文案：如果你的产品在市场上有独特的卖点，如独特的成分、技术或特殊的配方，这些都可以成为文案的重点。例如：“独特的水合技术，提供 24 小时持久保湿。”

（6）有情感和品牌故事的文案：一些消费者会被情感和品牌故事吸引，如果你的品牌有一个引人入胜的故事，你可以将其融入文案。例如：“我们的保湿面霜诞生于对皮肤健康的深刻热爱和承诺。”

综合考虑以上因素，根据目标受众的特点，编写一个引人注目且与产品特点相关的文案，将有助于吸引潜在消费者的兴趣。不同的消费者可能会被不同类型的文案吸引，因此你可以考虑测试不同版本的文案，以确定哪种文案最有效。

（注：以上内容由 ChatGPT 生成，未改动。）

【问的思路】

（1）明确问题和视角：首先，提问者要明确问题和需求，确保问题具有明确的目标和背景；其次，提问者应根据需求和问题的性质，选择不同的视角和身份来提问。例如，如果你的身份是医生，就可以选择以医生的视角来提问，或者以患者的视角来提问。

（2）分别提问：使用所选的视角和身份，分别向 AIGC 工具提出相同的问题。在提问时，你应该尽可能地模拟所选身份的特点和语言风格，以便获得更符合该身份的回答。

（3）继续追问：在获得所有不同视角和身份下的回答后，进行比较和分析，找出它们的异同点，整理出有用的信息和观点。如果你对回答有任何疑问或有不确定的地方，可以进一步向 AIGC 工具追问，以获取更有价值的答案。

2.2 “角色扮演”：给 ChatGPT 一个身份标签

2.2.1 角色定位：让 ChatGPT 清楚它扮演的角色

让 ChatGPT 清楚它扮演的角色有助于提高用户满意度，优化用户体验，减少误解和混淆，以及提高工作效率。这种做法有助于推动 ChatGPT 更好地为用户服务，并实现更好的工作效果。

用户提问

假如你是设计部的一名普通员工，你的部门负责人给你布置了新的设计任务，并告知你这项任务十分重要、紧急，但同时上一个项目的客户又发来了修改需求，如果是你，你会怎么做？

ChatGPT 回答

如果遇到这种情况，我会采取以下措施。

（1）**确认新任务的重要性和紧急程度**：首先，我会与部门负责人进行详细沟通，确认新任务的重要性和紧急程度。如果新任务是公司的核心项目或对客户来说非常关键，那么我会优先考虑完成这个任务。

（2）**评估修改需求的紧急程度**：我也会评估修改需求的紧急程度。如果修改需求非常紧急，并且如果我不及时处理会对项目产生严重的影响，那么我也会考虑优先处理修改需求。

（3）**与上级和客户沟通**：我会及时与部门负责人和客户进行沟通，详细解释当前的情况和我的计划，以便取得他们的理解和支持。例如，我可能会建议在满足修改需求的同时，尽可能加快新任务的进度。

（4）**制订计划并执行**：根据沟通的结果，我会制订一个详细的计划，明确每个任务的时间安排和优先级。然后，我会全力以赴地执行这个计划，以确保任务的顺利完成。

总之，在面对多个重要和紧急的任务时，我会与相关部门进行充分的沟通，制订合理的计划并灵活调整优先级，以确保能够按时、高质量地完成任务。

（注：以上内容由 ChatGPT 生成，未改动。）

ChatGPT 的回答提供了一些实用的经验，包括在面对多个重要和紧急的任务时如何进行有效的时间管理，如何通过良好的沟通技巧与上级和客户进行有效的沟通，如何制订详细计划并全力以赴地执行，以及在面对突发情况时如何灵活调整计划以适应实际需求。

这些经验对于应对工作压力、提高工作效率、优化工作流程等方面都有一定的借鉴意义。

用户提问

假如你是一名抖音女装带货主播，你最怕直播间的观众问哪些问题？你会怎么回应？

ChatGPT 回答

作为一名抖音女装带货主播，我最怕观众问的问题，以及我的回答如下。

（1）个人隐私问题。如果观众问我有关个人生活、家庭、婚姻状况等私人问题，我会强调直播的主题是女装，然后回应：“我非常感谢你的关心，但今天我们主要关注的是女装。如果你有关于女装款式、搭配或尺码的问题，我将非常愿意回答。”

（2）外貌和身材问题。如果观众询问我有关体重、身高、化妆技巧的问题，我会回答：“感谢你的提问，但今天我们的重点是女装。每个人都有不同的外貌和身材特点，我鼓励大家找到适合自己的穿搭风格。”

（3）个人生活问题。如果观众对我的日常生活、兴趣爱好或旅行经历感兴趣，我会说：“这些都是有趣的话题，但现在我们专注于女装。如果你有关于女装或时尚的问题，我会很愿意为你提供建议和信息。”

（4）敏感话题和争议问题。如果观众提出涉及政治、宗教或其他敏感话题的问题，我会强调：“我们的直播主题是女装，所以不太适合讨论这些话题。如果你有关于女装款式或品牌的问题，我将竭尽所能为你提供有用的信息。”

（5）价格和折扣问题。如果观众多次问及价格和折扣信息，我会在直播开始时明确宣传价格和折扣，并鼓励观众在需要时对具体的产品或款式提问，以便更好地满足观众的需求。

（6）与竞争者的比较。如果有人要求我将自己的品牌与其他品牌进行比较，我会解释：“每个品牌都有其独特之处和特点，我将专注于介绍我们产品的独特之处和优势，让你更了解我们的女装。”

（7）负面评论和抱怨。如果观众有关于产品质量或服务方面的负面评论或抱怨，我会以专业和友好的方式回应，表示理解并提供解决方案，同时鼓励观众与客户服务部门联系以解决问题。

（8）个人经验和建议。如果观众寻求我的个人穿搭经验和建议，我会分享一般性的时尚建议，如怎样选择适合自己的款式、颜色和搭配技巧。我还会强调每个人的风格和喜好都不同，所以最重要的是自信和舒适。

总之，我会在直播中专注于女装的介绍和宣传，同时尊重观众的兴趣和隐私，避免涉及不适宜的问题和话题。我会用友好、专业和细致入微的方式回答观众的问题，以确保直播的积极氛围和专注于女装带货的任务。

（注：以上内容由 ChatGPT 生成，未改动。）

【问的逻辑】

（1）使用引导性语言：采用引导性语言，如“你会尝试”“你会怎么做”或“你如何”，可以激发回答者提供详细和有用的信息，而不仅仅是简单地回答某个问题。这种方式可以鼓励 ChatGPT 进行更深入的思考和分享。

（2）明确目标和受众：首先要明确问题的目标和受众是谁，确定你想要获取的信息，并确保问题的语言和描述适用于特定的背景、领域或年龄组。这有助于确保问题具有明确性和针对性。

（3）考虑细节和具体性：如果你想要详细的回答或建议，要确保你在提问中提供了足够多的细节和非常详细、具体的信息。

2.2.2　个性化体验：定制更有趣的对话体验

定制更有趣的对话体验有助于满足使用者的个性化需求和偏好，有助于 AI 提供更加贴心和人性化的服务，以增加使用者的乐趣和愉悦感。

这种定制化的对话体验可以根据使用者的个性化需求和偏好来设计，以确保使用者在每次交互中都能获得自己感兴趣且适合自己的内容，进而满足他们的需求。

用户提问

假如你是沃伦·巴菲特（Warren Buffett），你会给即将进入股票市场的新手提供什么建议？

ChatGPT 回答

如果我是沃伦·巴菲特，我会给即将进入股票市场的新手提供以下建议。

（1）学习基本知识：在投资之前，确保你对股票市场有一定的了解。了解股票、股票市场、公司财务报表等基本概念是非常重要的。你可以阅读相关书籍、文章，或者参加投资课程来学习这些知识。

（2）长期投资：不要试图进行短期交易或者市场定时。巴菲特一直强调长期投资的重要性，持有股票并让其在长期内增值通常是更稳妥的策略。

（3）投资你理解的企业：只投资你真正了解的企业。巴菲特鼓励投资者只投资他们能够理解和评估的企业，这样可以降低投资风险。

（4）寻找有竞争优势的企业：巴菲特喜欢投资那些拥有竞争优势的企业，如品牌优势、专利优势、规模经济优势等。这些企业更有可能使你在长期内获得稳定的回报。

（5）避免过度交易：频繁交易会增加成本并增加错误的机会。巴菲特建议投资者避免过度交易，减少交易费用。

（6）投资多样化：分散你的投资组合，不要把所有的鸡蛋放在一个篮子里。这样可以降低投资风险，因为不同资产类别的表现可能会有所不同。

（7）长期价值投资：巴菲特的投资哲学是寻找被低估的企业，并长期持有它们。他认为这样的企业最终会发挥出潜力，并使你获得回报。

（8）沉着应对市场波动：股票市场会有波动，有时会出现大幅度的下跌。巴菲特建议投资者保持冷静，不要因市场情绪而做出决策，而要根据企业的基本面来判断。

（9）长期学习：股票市场和投资领域会不断发展和变化，巴菲特建议投资者保持学习的态度，不断增加自己的投资知识，提高自己的投资技能。

（10）寻求专业建议：如果你不确定如何投资，可以考虑咨询专业的金融顾问或寻求投资建议。

这些建议是以巴菲特的投资哲学为基础的，但请记住，投资涉及风险，不同的投资者可能有不同的策略和风险承受能力。在开始任何投资之前，你都应该仔细考虑自己的财务状况和投资目标。

（注：以上内容由 ChatGPT 生成，未改动。）

ChatGPT 生成的这段内容非常全面且具有很高的质量。它以巴菲特的投资哲学为基础，提供了从如何学习基本知识到如何进行长期投资的全面建议。

【问的原则】

（1）明确目的。在与 ChatGPT 对话之前，先明确你的目的和意图。你是希望获得某个特定问题的答案，还是希望进行有趣的交流？明确你的目的和意图将有助于你更好地与 ChatGPT

互动。

（2）开放式问题。尝试使用开放式问题，这样可以让 ChatGPT 有机会提供更详细的答案。这种类型的问题鼓励 ChatGPT 进行思考和推测，从而产生更有趣、更深入的对话。

（3）不要打断。尊重 ChatGPT 的回答，不要在中途打断它。这不仅是一种礼貌的做法，还可以让你更完整地了解它的回答，以免产生误解。

（4）提供上下文。在与 ChatGPT 对话时，提供一些背景信息和上下文可以帮助它更好地理解你的问题和需求。例如，如果你正在询问有关特定电影的续集，你可以先告诉 ChatGPT 你很喜欢这部电影。

（5）直接表达。如果你对 ChatGPT 的回答有疑问或需要进一步的解释，可以直接表达你的想法。例如，如果你希望它提供更多有关某个主题的信息，你可以直接要求它提供更多的细节。

（6）探索多样性和创新。尝试与 ChatGPT 讨论不同的话题和观点，以了解它的反应和思考过程。你也可以提出一些有趣的问题或假设，以激发更有趣的对话。

用户提问

如果你可以与任何一位企业家交谈，你会选择谁？为什么？

ChatGPT 回答

如果我可以与任何一位企业家交谈，我会选择苹果公司的联合创始人——史蒂夫·乔布斯（Steve Jobs）。

乔布斯是一位极具影响力和传奇色彩的企业家，他以激情、远见和独特的管理风格闻名于世。他领导下的苹果公司通过不断的技术创新和精准的市场定位，推出了许多革命性的产品，如 Mac 电脑、iPod 音乐播放器、iPhone 智能手机等，对科技产业和人类生活方式产生了深远的影响。

通过与乔布斯交谈，我可以了解他对创新、设计、领导力和商业成功的看法和见解。他是一个极具激情和远见的人，我相信与他交流会让我受到很大的启发和激励，并激发我对创新和创业的思考和热情。

通过与乔布斯交谈，我可以了解到他在创业过程中经历的挑战、困难和失败，以及他克服这些困难的过程。我还可以了解到他在设计产品时的思考过程和决策方式，以及他是如何将用户体验放在首位的。

此外，乔布斯的领导风格也非常值得学习。他强调简洁、聚焦和完美主义，这些原则对于一个成功的企业家来说非常重要。通过与他交流，我可以了解到他是如何通过这些原则来领导团队、推动创新并取得成功的。

总之，与乔布斯交谈是一个非常宝贵的机会，他是一位备受尊敬的企业家，我相信与他交流可以获得深刻的见解和启示，这对我的职业发展和未来创业都会有很大的帮助。

（注：以上内容由 ChatGPT 生成，未改动。）

2.2.3 跨界咨询：获得不同领域的专业建议

AIGC 工具具备多领域的知识储备和出色的推理能力，通过让 AIGC 工具扮演不同领域的专家角色，我们可以借助其专业知识和经验，获取更多视角的建议和意见。这种跨领域、跨学科的学习方式，能够帮助我们获得更全面、更深入的知识和认知。

用户提问

假如你是一名房地产策划人员，楼盘主打养老，现在要求你从《诗经》中取一个合适的楼盘名，你会怎么取？

文心一言回答

《诗经》中有一些描述自然、和谐、家庭和幸福的篇章，你可以从这些篇章中选取合适的字词来命名你的养老楼盘。以下是我根据《诗经》中的一些描述提出的几个可能的楼盘名字。

（1）宜家："宜家"取自《诗经·国风·周南·桃夭》中的"之子于归，宜其室家"，意为家庭和睦、适合居住。

将“宜家”作为楼盘名称，可以彰显出楼盘的温馨、和谐，符合养老生活的需求。

（2）静安：“静安”取自《诗经·国风·周南·汉广》中的“南有乔木，不可休思；汉有游女，不可求思”，意指安静平和。将“静安”作为楼盘名称，符合养老生活的宁静、安逸的特点。

（3）和乐家园：“和乐家园”取自《诗经·小雅·常棣》中的“和乐且孺”，意为家庭和睦、生活愉快。这个名称适合表达楼盘和谐、温馨的氛围，符合养老的生活需求。

（4）乐康：“乐康”取自《诗经·小雅·南山有台》中的“乐只君子，万寿无期”，意为快乐、健康。将“乐康”作为楼盘名称，可以彰显楼盘健康、快乐的养老生活理念。

（注：以上内容由文心一言生成，未改动。）

文心一言生成的内容非常符合《诗经》的文化氛围，并且能够很好地体现养老楼盘的特色。

这些名字不仅有浓厚的文化底蕴，还能够表达出楼盘温馨、和谐、安静、幸福等特点，同时符合养老生活的需求和追求。

这样的命名方式可以让消费者更好地了解楼盘的特点和卖点，也能够提升楼盘的品牌形象和文化内涵。

用户提问

假如你是一名营销专家，你能否分享一些有效的营销策略，以帮助一家初创公司提高品牌知名度？

ChatGPT 回答

当然可以。以下是一些有效的营销策略，可以帮助初创公司提高品牌知名度。

（1）定义目标市场和竞争环境：首先需要明确目标市场和竞争环境，以便更好地制定营销策略。初创公司需要了解目标受众的需求和偏好，以及竞争对手在市场中的表现和优势。

（2）创造有吸引力的品牌形象：品牌形象是消费者对品牌的认知和印象，是提高品牌知名度的关键。初创公司需要确定自己的品牌定位和品牌价值，并采取有效的措施来传递这些价值。

（3）多元化的营销渠道：多元化的营销渠道可以让初创公司的品牌更容易接触到目标受众。例如，初创公司可以通过社交媒体、搜索引擎优化、电子邮件营销、内容营销、线下活动等多种方式来宣传品牌。

（4）创造有吸引力的内容：内容是营销的核心，它可以提高受众的兴趣，增强品牌形象。初创公司可以创建具有吸引力和独特性的内容，如博客文章、视频、图片等，以吸引受众的注意力。

（5）通过口碑传播：口碑传播是提高品牌知名度的有效途径之一。初创公司可以提供高质量的产品或服务，让客户成为品牌的传播者，通过口碑推荐来吸引更多的潜在客户。

（6）通过社交媒体：社交媒体是现代营销的重要渠道之一，可以让初创公司的品牌更容易接触到目标受众。初创公司可以通过制定有吸引力的社交媒体战略来宣传品牌和加强与客户的互动。

（7）做好搜索引擎优化（Search Engine Optimization，SEO）：SEO可以让初创公司的网站更容易在搜索引擎结果页上出现，以提高品牌的可见度。初创公司可以通过优化网站内容和结构、合理使用关键词等方式来提高网站的SEO排名。

（8）合作与赞助：合作与赞助可以让初创公司借助其他品牌或组织的知名度来提高自己的品牌知名度。初创公司可以寻找与自己业务相关的合作伙伴或赞助机会，如与其他公司合作举办活动或共同推广产品等。

（9）个性化和定制化营销：通过了解目标受众的需求和偏好，初创公司可以提供个性化和定制化的产品或服务，以提高客户满意度，并让受众更容易记住品牌。

（10）通过数据驱动营销：数据可以为初创公司提供重

要的洞察，帮助公司更好地了解受众的需求和行为，并制定更有效的营销策略。初创公司可以通过收集和分析数据来优化营销策略，以提高品牌知名度和转化率。

以上这些营销策略可以帮助初创公司提高品牌知名度，但需要注意的是，每家公司都有不同的特点和需求，因此初创公司需要根据实际情况来制定个性化的营销策略。

（注：以上内容由 ChatGPT 生成，未改动。）

【问的原则】

（1）明确行业领域。首先，你可以通过提出一些问题来明确你需要的行业领域。

例如，你可以问："ChatGPT，我需要一个医学专家，你能提供一些医学方面的建议吗？"类似问题可以帮助 ChatGPT 明确需要扮演的行业领域。

（2）具体问题与需求。当明确了行业领域后，你可以提出更具体的问题或需求来获得 ChatGPT 的建议。

例如，你可以问："ChatGPT，我在选择医疗保险时有些困惑，你能给我一些建议吗？"类似问题可以帮助你具体描述自己的需求。

（3）情境与背景介绍。在提问时，你可以提供一些情境与背景介绍来帮助 ChatGPT 更好地了解你的需求。

例如，你可以告诉 ChatGPT 你的健康状况、财务状况或其他相关信息来让它更好地为你提供建议。

（4）针对不同行业领域的提问。不同行业领域的问题和需求可能不同，所以你需要根据行业领域的特点提出相应的问题。

例如，在医学领域，你可以询问关于疾病预防、治疗选择和药物副作用等方面的问题；在金融领域，你可以询问关于投资策略、财务风险和资产配置等方面的问题。

第 3 章

给定标准提问：『调教』ChatGPT，让它更懂你

3.1　给定标准："调教" ChatGPT

3.1.1　预设标准：充分使用给 AI 定的提示

预设标准在 ChatGPT 中的应用场景十分广泛。例如，在自然语言处理领域，人们可能会通过制定语言模型，让 ChatGPT 更准确地理解和生成文本。

预设标准可以帮助 ChatGPT 更加准确与灵活地理解人们给出的问题，从而给出更为标准化的回答。

在使用 ChatGPT 时，为了得到更加准确与清晰的回答，用户可以通过以下技巧在提问中预设标准，以帮助 ChatGPT 快速准确地理解用户的意图。

（1）明确定义。在引入新术语或概念时，提供明确的定义与解释，以便 ChatGPT 能够准确理解其含义和用法。例如，如果标准涉及某个特定的术语，你可以提供该术语的定义和解释。

（2）明确问题。提问时应尽量明确、清晰地表达自己的问题或需求，避免模糊不清或有歧义的表述，以便 ChatGPT 能够准确理解用户的意图。

（3）明确期望。表达自己对 ChatGPT 回答或建议的期望。用户可以明确是否需要详细解释、参考资料、建议或简单的回答。

（4）使用例子和示范。在向 ChatGPT 提问时，为了使表述更加清晰与明确，可以向其提供具体的例子和示范，这包括使用场景、案例研究或演示等。

（5）**分解标准为可操作的步骤**。将标准分解为具体的、可操作的步骤，以便 ChatGPT 能够更容易地将其应用于实践中。例如，如果标准涉及某个特定的任务，你可以将该任务分解为具体的步骤，以便 ChatGPT 能够更容易地执行这些步骤。

（6）**具体化需求**。尽量将需求具体化，以便 ChatGPT 可以提供更精确的回答或建议。例如，如果需要关于旅行目的的建议，你可以提供偏好、预算、时间限制等具体信息。

（7）**将标准与上下文联系**。将标准置于适当的上下文中，以便 ChatGPT 能够更好地理解它们。例如，如果标准涉及特定的行业或领域，提供相关的背景信息将有助于模型更好地理解标准的适用范围。

（8）**使用与标准有关的提示词**。在向 ChatGPT 提问时，应注意使用与标准有关的提示词，这有助于引导 ChatGPT 关注预设标准并触发其应用。

（9）**提供反馈与调整**。根据 ChatGPT 生成的结果，及时提供反馈并进行调整，这包括但不限于提供更多的解释、更具体的例子或更清晰的定义。

总之，预设标准对于 ChatGPT 的准确性和可靠性至关重要。通过上述技巧，人们可以促进 ChatGPT 对于给定标准的理解与应用。

用户提问

我想获得一些关于健康的建议。首先，我需要了解一些健康饮食的基本原则和建议。其次，我对于与锻炼计划相关的信息很感兴趣，特别是适合初学者的锻炼计划及提高身体活力的锻炼方式。再次，我最近经常感到疲劳且容易失眠，所以也想知道有关改善睡眠质量的方法，包括睡前的习惯等。最后，我希望了解一些增加精力和提高警觉性的信息，包括饮食、生活方式和锻炼等方面的建议。你能提供这些相关的建议吗？

ChatGPT 回答

当然，我可以为您提供一些健康方面的建议。以下是对您提出的各个需求的简要建议。

健康饮食的基本原则和建议：健康饮食的基本原则和建议包括均衡的饮食、摄入足够的水分、多吃新鲜水果和蔬菜、限制加工食品和高糖食物的摄入。您还可以考虑控制饮食的分量，确保每餐都包含蛋白质、健康的脂肪和纤维。

与锻炼计划相关的信息：对于初学者，建议从轻度有氧运动开始，如散步、骑自行车或游泳，然后逐渐增加锻炼强度和时间；提高身体活力的锻炼方式可以包括高强度间歇训练和瑜伽等，确保在锻炼前进行适当的热身和拉伸，同时听从身体的信号，不要过度劳累。

改善睡眠质量的方法：要改善睡眠质量，建议建立规律的睡眠时间表，避免在睡前消耗咖啡因和大量食物；创建一个舒适的睡眠环境，保持房间的温度适中，避免在床上长时间浏览电子设备；深呼吸练习和冥想可以帮助放松，促进入睡。

增加精力和提高警觉性的信息：增加精力和提高警觉性可以通过改善饮食、改变生活方式和锻炼来实现。您需要确保每天摄取足够的水分，避免忽略早餐，多吃富含蛋白质和健康脂肪的食物。规律的有氧运动可以提高能量水平，同时保持充足的睡眠也很关键。

这些建议可以帮助您更好地管理健康和提高生活质量。请根据您的需求和个人情况选择适合您的方法，并咨询医生或专业人士的意见，特别是在开始新的锻炼计划或在生活方式上做出重大改变之前。

（注：以上内容由 ChatGPT 生成，未改动。）

ChatGPT 从健康饮食的基本原则和建议、与锻炼计划相关的信息、改善睡眠质量的方法、增加精力和提高警觉性的信息四个方面回答了用户的提问，答案也非常详尽，你如果想要了解更多的信息，可以针对某个回答进行追问。

【问的技巧】

在上述提问中，提问者通过设定关键词（健康、锻炼、睡眠等）、提供关键信息（最近会失眠）、具体化需求（适合初学者、健康饮食）、明确期望（获得一些建议）等技巧，在问题中事先设定了"标准"，从而获得了 ChatGPT 较为详尽的回答。

如果需要继续了解相关方面的信息或就回答中的某一方面展开提问，你都可以使用上述技巧继续提问或追问。

例如，"你在健康饮食的基本原则中提到了健康的脂肪，那能给我介绍一下什么是健康的脂肪，健康的脂肪的代表食物有哪些吗""你提到了创造一个好的睡眠环境，那么除了你已经提到的措施，还可以用什么工具或物品来创造好的睡眠环境"。

用户提问

你在健康饮食的基本原则中提到了健康的脂肪，那能给我介绍一下什么是健康的脂肪，健康的脂肪的代表食物有哪些吗？

ChatGPT 回答

健康的脂肪是指单不饱和脂肪酸和多不饱和脂肪酸，它们对于心血管健康和大脑发育有益。健康的脂肪的主要食物代表如下。

鱼类：特别是深海鱼类，如鲑鱼、鲭鱼和沙丁鱼等，富含 Omega-3 脂肪酸，这是所有已知脂肪中最健康的一种。鱼油也富含健康的脂肪。

坚果：如核桃和杏仁等，含有丰富的单不饱和脂肪酸和多不饱和脂肪酸。

植物油：如橄榄油、葵花籽油和亚麻籽油等，都含有丰富的健康的脂肪。其中，亚麻籽油和葵花籽油还含有 Omega-3 脂肪酸。

种子：如南瓜籽、芝麻和亚麻籽等也是健康的脂肪的来源。

豆类：如大豆、鹰嘴豆和扁豆等，也含有丰富的多不饱和脂肪酸。

此外，健康的脂肪还有助于减少心血管疾病的发病率，预防和治疗肝癌、抑郁和痴呆等疾病。在选择食物时，你可以尽量选择富含健康的脂肪的食物。

（注：以上内容由 ChatGPT 生成，未改动。）

3.1.2 高效提问：让 AI 快速生成标准化问题

在与 AI 互动的过程中，用户可以通过高效提问的方式提高工作效率，简化过程中烦琐的步骤。那么高效提问的技巧之一是让AI快速生成标准化问题，再根据其生成的标准化问题，对AI进行提问。

用户如果想通过高效提问，让AI快速生成标准化问题，可以采用以下方法。

（1）明确问题的目标。在提出问题之前，明确想要获得的信息或目标。清晰的问题目标有助于AI更好地理解人们的需求，从而生成更相关和更准确的标准化问题。

（2）使用模板。创建一些问题模板，这些模板可以作为AI生成问题的基础。模板可以包括问题的结构、关键词、占位符等信息。AI可以根据模板填充占位符，生成具体的标准化问题。

（3）指定问题类型。标准化问题可以分为不同的类型，如选择题、填空题、多选题等。在提问时明确问题的类型，有助于AI更好地理解问题，并生成相应类型的问题。

（4）使用开放性问题。尽量使用开放性问题，这样可以获得更详细和深入的答案。AI可以生成开放性问题，以促进更多的思考和探讨。

（5）设置关键词或划定明确范围。设置明确的关键词或划定明确范围，要求AI以关键词或范围为基础，生成标准化问题。用户应该尽量避免使用模糊的词汇或不明确的范围，以减少歧义。

（6）评估生成问题的质量。在生成问题后，对其进行质量评估，确保生成的问题满足标准化问题的要求，包括清晰性、准确性和一致性。如果生成问题的质量不符合预期，用户可以进行改进和微调。

用户提问

请生成一个关于股市行情的标准化问题。

ChatGPT 回答

标准化问题是指根据特定的标准或准则来衡量、评估或解决问题的问题。在股市中，一个标准化问题可以是：“**如何确定一只股票是否符合投资的标准和风险容忍度**？”

这个问题可以引导讨论投资者如何根据自己的投资目标、风险偏好和其他因素来选择适合他们的股票。标准化的策略可能包括分析财务数据、评估公司基本面、考虑宏观经济因素及技术分析等。不同投资者可能会有不同的标准和方法来回答这个问题，但这个问题可以帮助他们在股市中做出明智的投资决策。

（注：以上内容由 ChatGPT 生成，未改动。）

上述问题是用户要求 ChatGPT 针对“股市行情”这一主题，

提出一个"标准化问题"。这个问题主要涉及股市中的股票信息，如果问题不符合用户需求，用户需要重新进行提问。

【问的技巧】

上述提问直接以开放式问题进行，要求 AI 生成关于股市行情的标准化问题。当它生成标准化问题后，你可以对它提出的问题进行评估，确定其是否符合实际需要。若符合，你可以继续向下提问；若不符合，你可以要求其重新生成。

如果 AI 生成的标准化问题不符合实际需要，你应该让其重新生成。在重新生成问题时你可以划定明确的范围，设置一定的关键词，以便 AI 生成更符合实际需要的标准化问题。

用户提问

请生成一个判断某只股票是否值得投资的标准化问题。

ChatGPT 回答

当评估一只股票是否值得投资时，你需要考虑多个因素。一个详细的标准化问题可以是：**"在决定是否将资金投入一只股票时，应该考虑哪些具体标准和指标？请详细列出并解释这些标准和指标，包括但不限于财务健康、市场环境、行业前景、管理质量、竞争优势、风险管理和估值等因**

素。如何使用这些标准和指标来综合评估一只股票的投资潜力和风险，以支持明智的投资决策？”

这个问题能引导详细的探讨，包括了在股票投资决策中应该考虑的各种因素。标准和指标可以包括公司的财务报表、盈利历史、未来增长预期、行业分析、市场趋势、竞争地位、管理团队质量、风险管理策略、估值方法等。这种综合性的分析有助于投资者更全面地评估一只股票是否值得投资，从而做出明智的决策。

（注：以上内容由 ChatGPT 生成，未改动。）

3.2　生成标准化问题集并“投喂”ChatGPT

3.2.1　从简单到复杂：生成标准化问题及答案

如果用户想要使用 ChatGPT 却又无法准确向其提问时，可以通过以下步骤让 ChatGPT 本身生成标准化问题及答案。

1. 明确主题

首先，用户应先明确想要了解的事项或主题，确保对该主题有一些基本的了解，以便能够提供足够的上下文，并用简单问题的形式将主题呈现出来。

用户提问

关于人工智能（主题），能告诉我一些信息（事项）吗？

ChatGPT 回答

人工智能通常是指计算机科学领域的一个分支，旨在开发能够模仿人类智能行为的系统。以下是一些关于人工智能的基本信息。

定义：人工智能是计算机科学领域的一个分支，旨在开发能够执行需要智能思维任务的系统，包括学习、推理、问题解决、语言理解和感知等各种任务。

（注：以上内容由 ChatGPT 生成，有删节。）

2. 观察回答并提取关键信息

ChatGPT 会尝试回答用户的引导问题，并提供一些相关信息。用户可以仔细观察 ChatGPT 的回答，从中提取关键信息，特别是关键词和关键概念。

从前一个 ChatGPT 回答中，用户可以提取关键信息。关键信息包括人工智能、计算机科学领域、模仿人类智能行为、系统等关键词，以及人工智能的定义（关键概念）。

3. 生成标准化问题

你可以通过提取到的关键信息，尝试向 ChatGPT 提问，要求其根据这些关键信息，生成一个标准化问题。

用户提问

请根据“人工智能、计算机科学领域、模仿人类智能行为、系统”等关键词，生成一个关于人工智能的标准化问题。

ChatGPT 回答

当涉及人工智能时，一个可能的标准化问题是：“人工智能是如何在计算机科学领域中实现的？它的主要目标是什么？它是如何模仿人类智能行为的？它可以用来构建什么样的系统？”

（注：以上内容由 ChatGPT 生成，有删节。）

4. 反向“投喂”标准化问题

将 ChatGPT 生成的标准化问题，反向“投喂”给它，让它尝试回答这个问题。

用户提问

人工智能是如何在计算机科学领域中实现的？它的主要目标是什么？它是如何模仿人类智能行为的？它可以用来构建什么样的系统？

ChatGPT 回答

关于人工智能的实现方式、主要目标、如何模仿人类智能行为、可用于构建什么系统等问题，以下是一些关键信息。

1. 实现方式

人工智能是通过开发算法、模型和计算机程序来实现的。这些算法和模型基于大量数据的训练和学习，以模仿人类智能行为。

2. 主要目标

学习和自适应：AI 系统应该能够从数据中学习，并不断改进其性能，以适应新的情境和任务。

自主决策：某些 AI 系统被设计成能够自主做决策，而不需要人类的干预，如自动驾驶汽车。

3. 模仿人类智能行为

机器学习：让计算机系统从数据中学习和提取模式，如监督学习、无监督学习和强化学习，来模仿人类的学习能力。

自然语言处理：使用算法来理解和生成人类语言，以便进行对话、翻译和文本分析。

4. 可用于构建的系统

虚拟助手：如 Siri 和 Alexa，它们能够回答问题、执行任务和与用户互动。

自动驾驶汽车：具备感知、决策和控制功能的汽车，能够在没有人类驾驶员的情况下导航和行驶。

医疗诊断工具：用于分析医学图像或数据，帮助医生进行诊断和制定治疗方案。

总之，人工智能的实现和目标涉及使用计算机技术来模仿和增强人类的智能行为，以创造各种各样的智能系统，这些系统能够在不同领域中执行各种任务。

（注：以上内容由 ChatGPT 生成，有删节。）

5. 查看答案

用户通过查看 ChatGPT 的回答，确认其是否包括了用户需要的信息。如果回答不完整或不准确，用户可以尝试进一步追问或修改问题，以获得更详细的答案。

用户对上述 ChatGPT 的回答进行查看，ChatGPT 从人工智能的实现方式、主要目标、模仿人类智能行为、可用于构建的系统四个方面较为详细全面地回答用户提出的问题。

6. 循环迭代

如果用户仍然需要获取更多信息，可以不断迭代这个过程，让 ChatGPT 生成新的标准化问题，并让其尝试回答，直到自己满意为止。

用户提问

我对你提到的人工智能可以用来构建医疗诊断工具系统不太明白，你能否为我介绍一下？

ChatGPT 回答

人工智能可以用来构建医疗诊断工具系统意味着你可以通过人工智能技术帮助医生和医疗专业人员更准确地诊断疾病和制定治疗方案。以下是关于这一概念的详细介绍。

数据分析和处理：医疗诊断工具系统使用人工智能来分析大量的医学数据，包括医学影像、生物化验结果、病历数据等。AI 能够快速、准确地处理这些数据，以提取有价值的信息。

病症检测：AI 可以用于检测病症和异常，如癌症肿瘤、心脏问题、眼底病变等。通过分析医学影像或其他数据，医疗诊断工具系统可以标识潜在的健康问题，以帮助医生做出早期诊断。

诊断辅助：医疗诊断工具系统不是替代医生，而是辅助医生的工具。它们可以提供潜在的诊断建议、基于证据的治疗选项和患者的健康状况预测。

个性化治疗：AI 可以分析患者的遗传信息、生活方式和医疗历史，以制订个性化的治疗计划。这有助于确保治疗方案更符合每位患者的特定需求。

快速筛查：在流行病学研究和公共卫生领域，AI 可以帮助快速筛查大规模人群以识别潜在的传染病暴发或流行趋势。

减轻医疗人员负担：医疗诊断工具系统可以提高工作效率，减轻医生和医疗人员的工作负担，使他们能够更好地关注临床决策和患者护理。

值得注意的是，医疗诊断工具系统的开发需要大量的医学数据和精确的训练，以确保其准确性和可靠性。此外，监管机构也需要对这些系统进行审查和验证，以确保其符合医疗行业的法规和标准。这些系统有助于提高医疗保健的质量，但仍需要医生的专业判断和决策。

（注：以上内容由 ChatGPT 生成，未改动。）

3.2.2　针对不同场景需求：生成多样化的问题

为了使 ChatGPT 生成更加准确的回答，用户可以针对某一事项的不同场景需求，生成多样化的问题并“投喂”给 ChatGPT。

例如，针对“股市”这一主题，用户可以设计以下三个场景，并针对三个场景提出不同的问题。

1. 场景需求：股票市场基础知识

假如你是一名股市新人，想要了解一些关于股票市场的基础知识，你可以向 ChatGPT 提出以下问题。

问题 1：股票市场中的交易类型有哪些，如市价订单和限价订单，它们之间有什么不同？

问题 2：请解释一下市盈率与市净率是如何计算的，以及它们对于投资决策的重要性。

问题 3：股票市场中的主要股票指数（如标准普尔 500 指数、道琼斯工业平均指数）代表什么，它们如何影响整个市场？

问题 4：投资者在股票市场中如何使用这些股票指数选择投资目标？

【问的思路】

当用户处于需要了解股票市场基础知识的场景需求下，向 ChatGPT 进行多样化提问时，可以用不同思路提问。

（1）从不同层级上问。用户可以针对想要了解的信息进行提问，提问时可以先从基本的问题开始，然后逐步过渡到更高阶和更复杂的问题。

例如，从基本的“股票交易类型”过渡到“股票指数是如何影响市场的”，从“简单介绍股票概念”过渡到“股票市场中的主要交易类型”。

（2）从实际应用上问。用户在提出多样化问题时，可以先提出理论知识层面的问题，再提出如何应用层面的问题。

例如，先问“股票市场中的主要股票指数有哪些”，再问“投资者如何使用这些股票指数选择投资目标”；先问“什么是市盈率与市净率”，再问“如何使用市盈率与市净率选择潜在投资目标”。

（3）从重要因素和影响上问。用户在提问时，以当前实际需求为背景，就这个背景下有哪些关键因素或要素，这些关键因素或要素是否相互影响等思路进行提问。

例如，“市盈率与市净率对于投资决策的重要性”“股票市场中的主要股票指数如何影响整个市场”。

2. 场景需求：股票与投资策略及风险管理

假如你是一名金融从业者，想了解股票与投资策略及风险管理的联系，你可以向 ChatGPT 提出以下问题。

问题 1：什么是技术分析和基本分析，它们在股票投资中的应用有何不同？

问题 2：如何建立一个多样化的股票投资组合，以降低风险并实现长期回报？

问题 3：股票市场中的风险管理策略包括哪些，如止损单、期权对冲等，它们如何帮助投资者保护资产？

问题 4：投资者如何根据技术分析和基本分析的结果来调整投资策略和风险管理措施？

【问的角度】

当用户处于需要了解股票与投资策略及风险管理的联系的场景需求下，向 ChatGPT 进行多样化提问时，可以从不同角度提问。

（1）从知识的角度问。用户在提问时，可以从知识的角度问，包括基本概念、定义、计算方式、应对方法等。

例如，“什么是技术分析与基本分析”“什么是股票市场”“什么是投资策略与风险管理”。

（2）从分析的角度问。用户可以根据自己的掌握对想要了解的知识进行分析，并根据分析的过程、结果或问题向 ChatGPT 提问。

例如，“投资者如何根据技术分析与基本分析的结果来调整投资策略与风险管理措施”“不同的投资策略适用于哪些情况，有什么不同之处”“如何评价投资策略的风险与回报”。

（3）从求证的角度问。用户可以针对现有的结论提出疑惑。

例如，“股票市场中的风险管理策略是如何帮助投资者保护资产的”“如何核实一家公司的基本信息（如总股本与市值）”“如何验证一种投资策略的历史绩效”。

3. 场景需求：股票分析和公司报告

假如你是一名管理者，想通过股票分析和公司报告了解公司的经营数据，可以向 ChatGPT 提出以下问题。

问题 1：有哪些关键的财务指标（如毛利率、净利润率）可以用来评估一家公司的财务健康状况？

问题 2：如何读懂一家公司的年度财务报告，特别是资产负债表和现金流量表，以获取洞察力？

问题 3：有哪些用于技术分析的常用工具？如何使用它们来制定投资决策？

问题 4：如何将股票分析和公司报告的数据用于战略规划和业务决策？

【问的技巧】

当用户处于需要了解股票分析和公司报告知识的场景需求下，向 ChatGPT 进行多样化提问时，可以使用不同的技巧。

（1）关键词提问。用户在向 ChatGPT 提问时，可以使用一些已知的关键词或关键信息，以确保问题直接涉及自己感兴趣的主题和内容。

例如，"有哪些财务指标可以评估一家公司的财务健康状况""请分享一些用于技术分析的常用工具""投资组合的多样性有哪些"。

（2）探寻式提问。用户可以在获得基本回答后，对获得的信息展开进一步探寻。

例如，"流动性比率和杠杆比率等财务指标是如何衡量公司的财务状况的""对于你提到的布林带可以用于判断股价的波动性这部分信息，可以详细介绍一下吗""什么是资产类别的多样性"。

（3）演示性提问。用户可以请求 ChatGPT 示范如何执行特定任务，以便从中获得启发。

例如，"可以演示一下如何计算一只股票的市盈率吗""可以示范一下建立多样化投资组合的过程吗"。

（4）对比式提问。用户可以将两个或两个以上的概念或方法放在一起，以对比式的问法向 ChatGPT 提问，这样可以更好地了解相关概念或方法。

例如，"价值投资和成长投资有什么区别""技术分析和基本分析的优势与劣势是什么""黄金交叉与死亡交叉对于股票来说有什么意义"。

第 4 章

概括总结追问：将烦琐的事交给ChatGPT

4.1　提取关键信息：让 ChatGPT 来概括总结

4.1.1　概括总结文本：给 ChatGPT 定概括的标准

ChatGPT 可以帮助我们更快地了解文章的内容和结构，帮助我们节省大量的时间和精力，快速生成文本的摘要和关键词。使用 ChatGPT 概括总结文本的具体步骤如图 4-1 所示。

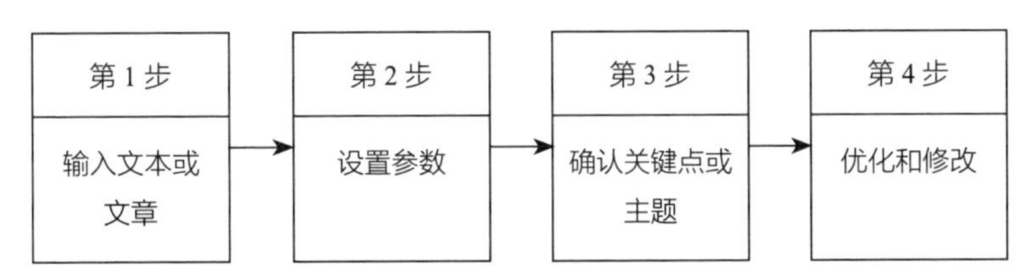

图 4-1　使用 ChatGPT 概括总结文本的具体步骤

1. 输入文本或文章

你应该提供需要总结的文本、文章或段落的内容，这些内容可以是一段文字、一篇文章或任何需要总结的信息。

2. 设置参数

在使用 ChatGPT 概括总结文本时，你可以设置参数，包括生成的摘要长度、生成的关键词数量等。你可以根据自己的需求设置这些参数，以便得到适合自己的文章概要。

3. 确认关键点或主题

你可以告诉 ChatGPT 希望总结的文本中的关键点或主题，以使 ChatGPT 更好地理解你的需求，确保总结符合你的需求和读者的背景。

如果有特定的文本或信息需要总结，你也可以将其完整地提供给 ChatGPT，它就会提供相应的总结。

4. 优化和修改

ChatGPT 生成的摘要和关键词不是完美无缺的，你需要经过一些优化和修改才能使其更好地反映文章的内容和结构。你可以根据自己的需求增加、删除、修改摘要和关键词，以达到最佳的效果。

用户提问

我有一篇文章的一部分，标题是“新技术对教育的影响”，我需要你帮我概括其中关于新技术影响学生学习的内容。相关段落如下。

随着科技的迅速发展，教育领域也正在发生深刻的变革。新技术正以前所未有的方式影响着教育，从传统教室到在线学习，从学生的学习方式到教师的教学方法，都受到了新技术的巨大影响。

首先，互联网的普及使学生可以在全球范围内访问各种在线学习资源。从基本的在线课程到高度互动的虚拟班级，学生们可以根据自己的时间表和需求选择学习方式。这使教育更具灵活性，有助于教育跨越地理和物理障碍，变得更加普及。

……

除此之外，新技术对教育的影响也带来了一些挑战。数字鸿沟可能会加大学生之间的不平等，而且依赖技术的教育需要适应不断变化的技术环境。此外，教育者需要投入更多的时间和资源来适应新技术，并确保新技术能够有效地融入教育过程。

总而言之，新技术为教育提供了巨大的机会，使教育更加灵活、个性化和多样化。随着技术的不断发展，我们期待看到更多创新的教育方法和工具，为学生提供更好的学习体验，为教育提供更多的可能性。然而，我们也需要认真解决技术带来的挑战，以确保所有学生都能受益于这一教育变革。

ChatGPT 回答

ChatGPT：明白了，我会尝试概括文本中关于新技术影响学生学习的内容。请稍等片刻。

ChatGPT：基于提供的文本，新技术已经深刻地改变了学生的学习方式和经验。首先，互联网的广泛应用使学生能够在全球范围内访问多样化的在线学习资源，提高了教育的灵活性和可及性。其次，教育者借助数据分析和人工智能，能够为每个学生提供个性化的学习经验，更好地满足他们的需求和学习风格。再次，虚拟现实和增强现实技术为学生提供了沉浸式的学习体验，增强了学生对抽象或复杂概念的理解。最后，新技术促进了学生之间的互动和协作，使学生们能够跨越地域障碍，培养沟通和团队合作的能力。

然而，这一变革也伴随挑战，包括数字鸿沟的扩大、对不断变化的技术环境的适应需求及教育者的时间和资源投入。尽管如此，总体而言，新技术为教育带来了巨大的机会，使其更具灵活性、个性化和多样性，为学生提供了更好的学习体验，为教育领域带来了更多的可能性。

用户：谢谢，这很有帮助！还请提供一些与新技术在教育领域的未来应用有关的内容。

ChatGPT：当然，请提供相关段落或引用，以便我能够提取与新技术在教育领域的未来应用有关的内容。

用户：对不起，我没有文章的文本。但我知道文章提到了新技术在在线学习和远程教育方面的潜在影响。

ChatGPT：没问题，我会尝试提取关于新技术在在线学习和远程教育方面的潜在影响。请稍等片刻。

ChatGPT：根据你提供的信息，新技术在在线学习和远程教育方面可能会提供更多的互动性、灵活性和全球范围的学习机会。这有助于学生在不同地点和时间获得高质量的教育资源。

（注：以上内容由 ChatGPT 生成，未改动。）

这个示例可以帮我们更清晰地表达自己的需求，通过提供相关文本或上下文信息，并在需要时进行追问，我们可以获得更具针对性的总结或概括回应。

但需要注意的是，ChatGPT 只是一个工具，它所生成的概括信息并不能完全代替人工总结，因此我们需要通过不断调整提问的问题和方式，使其能够提供更加精准的答案。

【问的思路】

首先，你可以提出一个简洁而明确的问题，要求 ChatGPT 提供文本的概括或总结。例如：

“请总结一下这篇文章的主要内容。”

“你能给我这份报告的摘要吗？”

“概括一下这篇新闻报道的要点。”

【用条件追问】

ChatGPT 可能需要额外的信息或指导才能更好地理解你的要

求。在追问时，你可以设置具体的条件来追问。

（1）设置具体问题。如果 ChatGPT 提供的概括不够清晰或详细，你可以提出更具体的问题，以便获取所需的信息。

例如："详细说明一下第二段中提到的那个研究结果。"

（2）明确重要细节。如果你希望概括包括关键细节，请明确指出这些细节。

例如："请提及作者在第三段中提到的那些统计数据。"

（3）提醒关键点。如果 ChatGPT 漏掉了一些关键点，你可以提醒它这些关键点的重要性。

例如："请务必包括文章中提到的重要结论。"

（4）要求表述清晰。如果 ChatGPT 的回答不够清晰或有歧义，你可以要求它以更简单明了的方式表达概括。

总之，提出明确的问题，并根据 ChatGPT 的回答进行追问，有助于获得更准确和满意的文本概括或总结。你可以根据 ChatGPT 的响应来微调你的问题，以确保获取所需的信息。

4.1.2 提取关键信息：删繁就简，浓缩核心信息

ChatGPT 具有强大的语言理解和生成能力，可以自动识别文本中的关键信息，并进行排序；可以为用户提取高效、准确的文本关键信息提供服务。

我们应该如何使用 ChatGPT 提取文本的关键信息呢？

首先，向 ChatGPT 提供文章的标题和简要概述，以便 ChatGPT 了解文章的主题和内容。

其次，定义关键信息，告诉 ChatGPT 我们希望从文章中提取的关键信息或具体内容。这些关键信息或具体内容可以是关于特定主题、数据、观点、事件或人物的信息。

最后，当 ChatGPT 提取出关键信息后，我们还可以要求 ChatGPT 将其整理成清晰的摘要或提供相关细节。

用户提问

我有一篇关于气候变化的文章，我想提取关于气候变化影响极端天气事件的信息。文章标题是“气候变化与极端天气”。

ChatGPT 回答

ChatGPT：好的，请告诉我更多关于这篇文章的内容。你可以提供文章中的任何段落或引用吗？

用户：抱歉，我没有文章的文本，但我知道文章讨论了全球变暖与极端风暴的关系。你能帮我提取一些有关的信息吗？

ChatGPT：当然，我会尽力提取相关信息。文章是否提到了具体的案例或数据？

用户：是的，文章提到了去年的超强飓风和全球变暖之间的关联。

ChatGPT：明白了，我将提取关于全球变暖和超强飓风之间关联的信息，并为你汇总。请稍等片刻。根据我提取的信息，文章指出了全球变暖与去年发生的超强飓风之间存在关联，具体表现为更高的海水温度和更强烈的气旋。这导致了飓风更频繁、更强大和更具破坏性。文章还提到了一些相关的气候数据和研究结果以支持这一观点。

用户：谢谢你提供这些信息！有没有关于气候变化对其他极端天气事件的影响的信息？

ChatGPT：很抱歉，我需要更多的上下文或文章文本来提取气候变化对其他极端天气事件的影响的信息。如果你能提供更多信息或文章文本，我将尽力帮助你。

（注：以上内容由 ChatGPT 生成，有删节。）

通过这个示例，我们可以看到如何通过逐步提供信息和问题来提取一篇文章的关键信息，并随时与 ChatGPT 进行对话以获取更多相关的信息。

【问的角度】

（1）针对关键信息提问：提出具体的问题，以便 ChatGPT 可以尽量精确地提取所需信息，确保问题明确、简洁，并与文章的主题相关。

（2）提供文章段落或引用：尽可能提供文章中包含关键信息的段落或引用。这有助于 ChatGPT 更好地理解上下文，并提取相关信息。

【用细节追问】

如果需要 ChatGPT 结合上下文来更好地提取关键信息，我们可以进行追问。我们可以提供额外的细节或信息以便 ChatGPT 能够更准确地回答问题。

例如：

“你是否理解文章中的某些特定概念或细节？”

“你能提供文章中提到的数据、事实或例子的更多细节吗？”

“你是如何解读或理解文章中的某些部分的？”

“你对文章中提到的某些观点、理论或研究的看法是什么？”

“你对文章的结构或组织方式有哪些看法？”

“有没有什么建议可以帮助我更好地理解这篇文章？”

4.1.3 评估 AI 的输出：提炼它回答中的精华

尽管 ChatGPT 可以生成令人印象深刻的回答，但我们需要对它的输出进行质量评估，以确保生成的对话内容是准确、有用和贴切的。我们主要从以下几个维度对 AI 的输出进行评估。

1. 理解上下文的程度

当用户与 ChatGPT 进行对话时，它会记忆之前的对话历史，当你继续输入后，ChatGPT 也会根据前面的内容生成相应的回应。

因此，要评估 ChatGPT 的输出内容是否合理，我们需要检查它是否正确理解了对话的上下文，并基于这些信息生成合适的回应。

如果 ChatGPT 在回答中未能引用先前的问题或讨论内容，那么意味着它可能没有很好地理解上下文。

2. 回答的准确性

当评估 ChatGPT 生成的回答时，我们应该追求准确性和精确性。我们需要检查回答中是否存在错误或不准确的信息。我们可以采取事实核查、与问题的一致性检查等方法。

如果回答不准确或存在错误，我们就可以认为这个对话所生成回答的质量较低。

3. 回答的连贯性

连贯性是评估 AI 输出内容质量的另一个关键因素。AI 的输出需要具备逻辑上的连贯性，要与问题或讨论的主题紧密相关。如果回答脱离了对话的主题或未能明确回答问题，我们就认定 AI 输出的连贯性较低。

此外，我们还应关注 AI 输出的流畅度和使用的语言是否自然，因为这些也是决定连贯性的重要因素。

4. 回答的实用性

AI 输出的质量往往取决于回答的实用性。理想的回答应该对用户有所帮助，能够提供实用的信息或解决方案。

因此，我们可以评估 AI 输出是否符合用户的需求，是否提供了具有实用价值的建议或指导，并根据这些因素来评估 AI 输出的实用性。

5. 模型的自信度

ChatGPT 具备评估自身回答自信度的能力。我们可以根据这一信息来评估回答的质量。如果模型给出的自信度较低，我们应该保持谨慎的态度，因为该回答可能不够可靠。

值得注意的是，自信度本身未必能准确评估回答的质量，因为 ChatGPT 可能会对某些问题过度自信，也可能在处理复杂问题时缺乏自信。因此，在评估 AI 输出的质量时，我们需要综合考虑多个因素，而不能仅仅依赖自信度这一个指标。

综上所述，我们可以从理解上下文的程度，回答的准确性、连贯性和实用性等多个维度来评估 AI 的输出，这可以帮助我们判断 AI 的输出质量及 ChatGPT 的表现。

然而，即使 ChatGPT 通过了这些评估，也不意味着它能够完美地生成高质量的对话。因此，在实际应用中，我们仍然需要对生成的对话结果进行人工审核和调整，以确保最终的对话质量符合要求。

4.2 概括总结提问的应用场景与示范案例

4.2.1 快速阅读海量信息：深度提炼，快速掌握

使用 ChatGPT 快速阅读和深度提炼信息可以帮助我们从海量数据中获取有价值的见解，支持决策制定、问题解决和高效的工作流程。

下面以一名人力资源管理专业的大学生写毕业论文为背景，介绍他在写论文过程中如何通过与 ChatGPT 问答的形式快速阅读海量信息。

用户提问

我正在写一篇以“人力资源管理与员工绩效”为题的论文，请你帮我解读一下“人力资源管理与员工绩效”的相关内容，该论文名为“Strategic HRM and Organizational Behavior: Integrating Multiple Levels of Analysis”，发表在 *Organizational Behavior and Human Decision Processes* 杂志的第 105 卷第 1 期中。

ChatGPT 回答

这是一篇涵盖了广泛议题的论文，其中包括人力资源管理（Human Resource Management，HRM）与员工绩效之间的关系。虽然这篇论文没有一个明确的“人力资源管理与员工绩效”的独立部分，但是以下是从论文中提取的一些关键信息和要点，涉及 HRM 与员工绩效之间的关系。

HRM 与员工绩效的关系：论文强调了 HRM 实践与员工绩效之间的密切关系，并提出了 HRM 对组织绩效的影响可能会通过多个层次传递，包括个体层次、组织层次和环境层次。

多层次的分析框架：作者介绍了一个多层次的分析框架，用于研究 HRM 与员工绩效之间的关系。这个框架包括个体层次的因素如员工技能和动机，组织层次的因素如组织文化和领导力，以及环境层次的因素如市场竞争和法规。

研究方法：论文提到了在研究 HRM 与员工绩效之间的关系时应考虑的研究方法和测量问题。这包括多层次分析方法的应用，以更好地理解各个层次之间的关联。

未来研究方向：论文总结了当前研究的一些发现，并提出了未来研究方向的建议，包括更深入地研究 HRM 实践对员工绩效的长期影响，以及更关注不同文化和环境下的影响因素。

（注：以上内容由 ChatGPT 生成，有删节。）

在阅读各种文献、期刊、论文的过程中，如果你对文章的某一段落不理解，你就可以将这段文献“喂给 ChatGPT”，让它来解读和提炼，并且对它提要求，如“请总结一下这篇文章的主要观点”“给我列举一些重要的细节或数据”“请你就该文献中的某一观点进行解释”。

用户提问

请根据该论文，就“HRM 对组织绩效的影响可能会通过多个层次传递，包括个体层次、组织层次和环境层次”进行详细的解释。

ChatGPT 回答

在这篇论文中，作者提出了一个重要的观点，即 HRM 对组织绩效的影响可能会通过多个层次传递，包括个体层次、组织层次和环境层次。以下是对这一观点的详细解释。

1. 个体层次

在个体层次，HRM 实践可以直接影响员工的表现和绩效。这包括了员工的技能培训、绩效评估、激励和奖励机制等。通过提供培训和发展机会，HRM 可以提高员工的技能水平，使他们更有能力履行工作职责。

HRM 还可以通过激励措施，如薪酬和福利制度，来提高员工的动机和工作满意度。高度激励的员工通常更倾向于提高绩效，因为他们感觉得到了公平的回报。

个体层次的影响还包括员工的健康和幸福感。健康的员工通常更能保持高绩效，因为他们能够更好地应对工作压力和挑战。

2. 组织层次

在组织层次，HRM 实践可以塑造整个组织的文化和氛围。一种积极的、支持性的 HRM 文化可能会促使员工更积极地参与工作，并提高绩效水平。

组织中的领导力和管理方式也受到 HRM 的影响。HRM 可以培养和提拔有潜力的领导者，领导者可以有效地激发员工的潜力和协调团队的工作。

HRM 还涉及绩效评估和反馈机制。有效的绩效评估可以帮助识别员工的强项和改进点，并为员工提供指导以改进绩效。

3. 环境层次

在环境层次，HRM 需要考虑外部环境因素，如市场竞争、法规和行业趋势。这些因素可能会对组织绩效产生重要影响。

HRM 需要适应不断变化的外部环境，以确保组织能够适应和应对市场变化。这可能包括招聘新的人才、调整薪酬政策或改变组织的战略方向。

此外，环境层次的因素也可以影响员工的工作环境和态度。例如，市场竞争激烈可能导致更大的工作压力，而法规的变化可能会影响薪酬和福利政策。

……

（注：以上内容由 ChatGPT 生成，有删节。）

如上述示例所展示的一样，在使用 ChatGPT 快速阅读海量信息时，自己需要先对文献有一个大概的了解，遇到不懂的细节再追问，要一步一步抓住关键信息，打破砂锅问到底。

【问的角度】

（1）要求对难懂的概念进行解释。如果你在阅读过程中遇到了一些难以理解的专业术语或概念，可以请 ChatGPT 对其进行解释。它会以简明扼要的方式解释相关概念，帮助你更好地理解文本内容。

（2）**请求进一步的阅读建议。**如果你对某个特定主题或领域感兴趣，但不知道从哪里开始阅读，可以向 ChatGPT 询问相关的书籍、论文或资料推荐。它会提供一些建议，使你能够深入研究感兴趣的主题或领域。

（3）**针对特定问题提问。**如果你对某个特定问题或主题感兴趣，可以直接向 ChatGPT 提出相关问题。它会尽力从给定的文章中提取相关信息并回答你的问题。

【用细节追问】

（1）**提供关键信息。**你可以提供一些关于信息来源、文献或文章的基本信息，包括标题、作者、出版日期等。这有助于 ChatGPT 找到正确的信息源。

（2）**指定阅读范围。**如果信息较多，你可以告诉 ChatGPT 你希望阅读的具体部分或段落，或提供关键字、段落号码、页面范围。

【用需求追问】

（1）**明确深度需求。**你可以告诉 ChatGPT 你希望深度提炼的信息类型。例如，你想要摘要、关键观点、统计数据、案例研究等。

（2）追问细节。如果ChatGPT需要更多信息来更好地满足你的需求，它可能会追问一些细节问题。请尽量详细回答这些问题，以便ChatGPT能够为你提供更有价值的信息。

通过清晰的提问和追问，ChatGPT可以更好地满足你的信息需求，为你提供有针对性的信息摘要。

4.2.2 快速获取关键数据：多份报告抓取关键数据

在论文写作的过程中，数据整理和分析通常是最费时间和精力的部分。但是，使用ChatGPT可以帮助你自动化这个过程，使你更快地完成论文写作。

用户提问

我正在写以“人力资源管理与员工绩效”为题的毕业论文，你能为我解读一下盖洛普（Gallup）发布的《全球工作场所状况报告》中关于“员工绩效评估”部分的关键数据吗？（因版权问题，ChatGPT无法实时获取该报告内容，此处需要人工向ChatGPT上传该报告的完整内容或提供关键数据的文段，为保护版权，此处省略详细报告内容。）

ChatGPT 回答

员工绩效评估的频率：在 2020 年的报告中，盖洛普指出，大约 60% 的企业每年会进行员工绩效评估，27% 的企业每两年会评估一次，而 10% 的企业每三年会评估一次或更少。

员工绩效评估的有效性：虽然许多企业都有员工绩效评估计划，但只有大约 30% 的员工认为他们的绩效评估是有效的。这种有效性在不同行业和地区存在差异，例如，医疗保健行业的有效性较高（43%），而公用事业行业的有效性则较低（27%）。

员工绩效评估的维度：最常见的员工绩效评估维度包括工作效率或质量、团队合作、领导能力或决策能力、客户满意度、工作知识技能等。其中，工作效率或质量是最常见的评估维度，75% 的企业会对其进行评估。

员工绩效评估与员工满意度和留任率的关系：盖洛普的报告显示，员工对绩效评估的满意度与对工作的整体满意度之间存在明显的相关性。另外，绩效评估的频率和员工留任率之间也存在一定的关系。虽然频繁的绩效评估并不一定会导致员工留任率的提高，但那些每年或每两年进行一次绩效评估的企业，其员工留任率要高于那些很少进行绩效评估的企业。

（注：以上内容由 ChatGPT 生成，有删节。）

当 ChatGPT 提供的关键数据或信息无法满足我们的需求时，我们还可以给定具体的范围进行逐步提问，让 ChatGPT 帮助我们抓取所需的关键数据。

用户提问

你能从“人力资源管理与员工绩效”的角度对“State of the Global Workplace”这一部分的报告进行总结吗？

ChatGPT 回答

盖洛普的《全球工作场所状况报告》是一份针对全球范围内的工作场所满意度、员工参与度和员工绩效评估等关键数据的权威调查报告。以下是对该报告的总结。

工作场所满意度：在 2022 年的报告中，全球范围内的工作场所满意度为 50%，与 2021 年相比略有下降。其中，北美地区的工作场所满意度最高，为 58%，而非洲和亚太地区的工作场所满意度最低，分别为 40% 和 48%。

员工参与度：该报告显示，员工参与度与工作场所满意度之间存在明显的相关性。在 2022 年的报告中，全球范围内的员工参与度为 45%，与 2021 年相比略有下降。其中，北美地区的员工参与度最高，为 52%，而欧洲和亚洲的员工参与度相对较低，分别为 45% 和 40%。

员工绩效评估：该报告显示，员工对绩效评估的满意度与工作场所满意度之间存在明显的相关性。在 2022 年的报告中，全球范围内员工对绩效评估的满意度为 37%，与 2021 年相比略有下降。其中，北美地区员工对绩效评估的满意度最高，为 45%，而亚洲和非洲的员工对绩效评估的满意度相对较低，分别为 30% 和 26%。

健康和福利：该报告还关注了全球范围内的健康和福利状况。在 2022 年的报告中，全球范围内的员工健康和福利状况得到改善，但仍然存在明显的地区差异。北美地区的健康和福利状况最好，而非洲地区的健康和福利状况最差。

……

（注：以上内容由 ChatGPT 生成，有删节。）

如上述示例所展示的，ChatGPT 可以根据已有的文献信息和数据特征，为我们提供相应的数据提取和数据分析，帮助我们在写论文的过程中更好地进行数据分析和模型构建。

【问的思路】

（1）**提问关键概念**。例如，“请提供有关员工绩效评估方法的关键数据”“可以给我一些关于人力资源管理对员工绩效的影响的数据吗”。

（2）**将问题细化**。例如，“在这些报告中，哪些绩效评估方法得到了最佳的结果”“有没有数据显示不同类型的人力资源管理实践对员工绩效有明显影响”“你能否提供一些关于员工满意度和绩效之间的相关性的数据”等。

（3）将问题进行综合并总结。例如，“基于这些数据，你认为人力资源管理对员工绩效有何重要影响”“这些数据是否与现有研究和理论观点一致，或者是否有一些新的发现”“这些数据在不同行业或组织规模之间是否存在差异”等。

【用范围追问】

（1）给定时间范围。你可以指定具体的时间范围。例如，“过去五年内，员工绩效评估有哪些明显的变化”“2023 年员工满意度数据呈现什么趋势”。

（2）给定地理区域。如果你需要特定地区或国家的数据，可以明确提出。例如，“我需要美国、加拿大和英国员工满意度的比较数据”“我需要北京市的员工绩效评估”等。

（3）给定数据来源。如果你想要特定的数据来源或机构，可以直接提问。例如，“有哪些权威机构发布了与员工绩效相关的数据”“我需要某著名科技公司的员工绩效数据”等。

（4）给定具体指标。如果你需要特定的绩效指标，如员工满意度、绩效评分、流失率等，可以明确列出并向 ChatGPT 进行提问。

通过清晰的提问和追问，ChatGPT 能够更有效地帮助你获取有关“人力资源管理与员工绩效”的权威数据。

4.2.3　快速生成论文摘要：快速完成论文文献综述

通过 ChatGPT 生成论文摘要可以帮助用户更快速地从原始文本中提取关键信息，并将其呈现为简洁、易于理解的形式。使用 ChatGPT 快速生成论文摘要的具体步骤如图 4-2 所示。

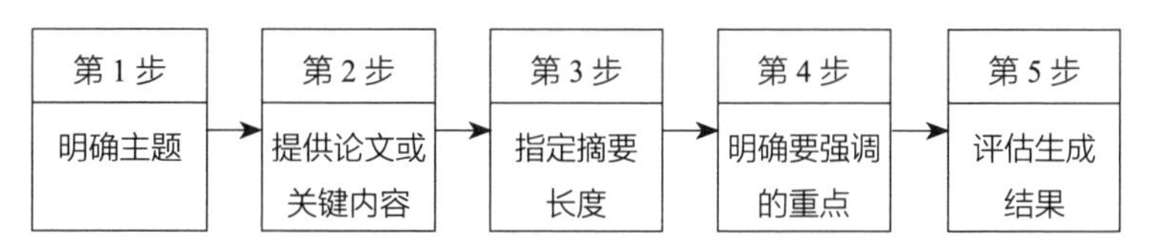

图 4-2　使用 ChatGPT 快速生成论文摘要的具体步骤

（1）明确主题：明确你的论文主题，以及你希望摘要涵盖的关键信息。

（2）提供论文或关键内容：提供论文的完整内容或论文的关键部分，以便 ChatGPT 了解你的研究和论点。

（3）指定摘要长度：告诉 ChatGPT 希望生成的摘要长度，通常以字数或段落数来衡量。

（4）明确要强调的重点：如果要在摘要中强调特定的观点、结果或数据，要明确告诉 ChatGPT；对于有其他特殊要求的内容，也可以提供相关信息。

（5）评估生成结果：对 ChatGPT 生成的摘要进行评估，确保其准确、简洁、完整，并能够准确反映论文的主要内容。

用户提问

我需要一份关于我的论文的摘要。我的论文主题是“关于人力资源管理对员工绩效的影响”。摘要长度应该在 250 字以内。请强调我的研究发现，尤其是在员工满意度和绩效评估方面的结果。（需向 ChatGPT 提供论文的完整内容或论文的关键部分，此处因篇幅原因省略。）

ChatGPT 回答

下面是关于您的论文主题“人力资源管理对员工绩效的影响”的摘要，摘要长度在 250 字以内，摘要强调了您的研究发现，特别是有关员工满意度和绩效评估方面的结果。

摘要

人力资源管理在现代组织中发挥着至关重要的作用，对员工绩效产生了深远的影响。本研究旨在探讨人力资源管理实践对员工绩效的具体影响，特别关注员工满意度和绩效评估两个关键因素。

通过广泛的文献综述和实地调查，本研究收集并分析了来自多个组织的数据。研究结果表明，高度有效的人力资源管理实践与提高员工满意度密切相关。员工满意度的提升不仅与更高的员工工作动力相关，还与更高的绩效水平相关。我们的研究发现，员工对工作的满意度在绩效评估中扮演着重要的中介角色。员工满意度的提高倾向于产生更积极的绩效评估结果，反之亦然。

此外，研究还突出了不同人力资源管理实践对员工满意度和绩效评估的不同影响。有效的培训和发展计划、薪酬激励机制及开放性的沟通渠道被认为是提高员工满意度和绩效的关键因素。

综上所述，本研究揭示了人力资源管理实践与员工绩效之间复杂的关系。它强调了员工满意度在这一关系中的重要性，并提供了有关如何改善员工满意度和绩效评估的实际建议，有助于组织更好地实现其目标并提高竞争力。

这份摘要突出了您的研究主题及重要的研究发现，特别是有关员工满意度和绩效评估方面的结果。请根据您的需求和论文内容进行修改和扩展。

（注：以上内容由 ChatGPT 生成，未改动。）

如果 ChatGPT 生成的论文摘要不符合要求，我们还可以通过提出更详细的问题或需求来逐步完善论文摘要。对于最终生成的论文摘要，我们还应进行人工审核评估，以确保摘要完整地呈现了作者想要表达的观点或核心内容。

【问的技巧】

（1）明确简洁。确保问题明确而简洁，清晰的问题有助于 ChatGPT 更好地理解你的需求。

例如，“请生成一份关于员工培训对员工绩效的影响的摘要，摘要长度不超过 200 字。请着重突出我们的研究结果，特别是不同类型员工培训与绩效之间的关系”或者“请生成一个 200 字的摘要，研究主题是薪酬政策对员工绩效的影响。请强调我们的研究结果，尤其是薪酬与员工激励和工作表现之间的关系”。

（2）具体详细。提供尽可能多的上下文和细节，以便 ChatGPT 能够提供更精确和更有针对性的回答。

例如，“请列出论文中的主要论点和结论”或者“请根据这篇论文的开头和结尾生成摘要”。

（3）清晰明了。避免使用模糊或含糊不清的语言，尽量用简单明了的方式表达问题。

例如，“请详细概括论文的实验方法和结果”或者“请体现该论文的核心论点”。

【用否定追问】

如果你认为摘要中存在错误或不准确的表述，可以澄清或重新说明你的论文主题、重点或发现。

例如，“我认为生成的摘要没有充分涵盖我的研究发现，我希望强调员工满意度对绩效的影响，请重新生成摘要”“我认为生成的摘要未充分涵盖我的研究成果，我的研究探讨了员工培训对员工绩效的影响，请重新生成摘要”或者“我认为摘要中应着重强调员工满意度和绩效评估之间的关系”等。

【用要求追问】

如果你希望对生成的摘要进行修改或修订，应该告诉 ChatGPT 希望更改的具体部分。

例如，“我希望摘要能体现我的研究方法”“我希望摘要能体现我对人力资源管理与员工绩效关系的关键贡献”或者“我希望摘要强调领导与管理风格在提高员工绩效中的重要性”等。

第 5 章

延伸扩展追问：对 ChatGPT『打破砂锅问到底』

5.1 深挖细节和背景：发现 AI 回答中隐藏的宝藏

5.1.1 抓住细节追问：深入探索 AI 回答

为了更好地深入探索 AI 工具的回答，我们可以运用抓住细节的方法进行追问。

首先，我们要确保对问题的描述准确而明确，提供足够多的上下文。其次，我们可以逐步分解问题并追问相关的细节，从不同角度深入讨论。最后，我们可以要求 AI 工具解释回答的原因、依据或提供更多的例证和数据支持。通过这些方法，我们能够引导 AI 工具更全面和准确地回答问题，并进一步深入探索问题的各个方面。

用户提问

请帮我写一份有关奶茶市场的调研分析。

ChatGPT 回答

奶茶市场是一个庞大且不断增长的行业。消费者对于奶茶的需求正在稳步增长，市场规模持续扩大。主要消费群体是年轻人，特别是学生和年轻白领。

奶茶市场的竞争十分激烈，有知名品牌和小型连锁店两种类型。知名品牌在占据市场份额方面有一定优势，但小型连锁店通过创新口味和服务能够不断吸引消费者。外卖平台也发挥重要作用。

消费者偏好口味多样、甜度适中、奶香浓郁的奶茶。他们更倾向于选择由新鲜原料制作的奶茶，如鲜奶和新鲜水果。个性化定制和健康低糖选项的需求也在增加。

市场发展趋势是多元化和个性化的。创新口味、健康选项和特色饮品将成为竞争的关键。线上销售和外卖配送将持续增长，移动支付和社交媒体的结合将提升消费者体验。

（注：以上内容由 ChatGPT 生成，未改动。）

【用条件追问】

用户追问

请帮我写一份基于 2010 年至 2020 年十年期间国内奶茶市场的调研分析，请结合数据列出品牌差异的关键。

ChatGPT 回答

根据对 2010 年至 2020 年国内奶茶市场的调研分析，我们可以总结出以下品牌差异的关键点。

首先，品牌定位是关键因素之一。在过去十年中，奶茶市场呈现多元化发展趋势。一些品牌侧重于传统口味和原创配方，注重保留传统风味；另一些品牌则注重创新与时尚，推出多种口味和新概念产品。不同品牌在定位上的差异化，满足了不同消费者的需求。

其次，服务质量和用户体验对品牌差异的影响显著。一些品牌注重提供个性化的服务和舒适的环境，通过优质的客户体验赢得了消费者的忠诚度。另一些品牌则注重快捷、便利的服务，以满足年轻人快节奏的生活需求。

再次，品牌形象和营销策略也是品牌差异的重要因素。一些品牌通过明星代言、合作推广或线上社交媒体推广等手段塑造了鲜明的品牌形象，吸引了年轻消费者的关注。而其他一些品牌则注重口碑营销和社区传播，通过线下活动和互动体验来打造品牌认知度和忠诚度。

最后，产品质量与安全也是消费者选择品牌的重要参考因素。一些品牌注重原材料选取、生产过程控制和产品质量监管，以确保产品的安全和口感的一致性，获得了消费者的信任。

总而言之，奶茶市场的品牌差异化主要体现在品牌定位、服务质量和用户体验、品牌形象和营销策略、产品质量与安全等方面。这些差异化因素共同塑造了不同品牌在市场中的地位与竞争优势。

（注：以上内容由 ChatGPT 生成，未改动。）

在追问时，你可以向 ChatGPT 提供更具体的细节和要求，给 ChatGPT 限制特定条件。

例如，给出“具体的市场增长率”“消费者群体变化”或“品牌竞争状况”等，用限定条件追问，这样可以帮助 ChatGPT 更准确地回答问题，并提供更详尽的分析。

【用假设追问】

（1）假如你是一名市场推广专员，公司下个季度将在 ×× 市开展新品上市活动，请从“地域差异”“消费行为模式”两个方面，帮我写一份奶茶市场调研分析。

（2）假设你是一名新开奶茶店的创业者，希望了解潜在消费群体的需求及竞争对手的市场表现，以便为新奶茶店制定有效的营销策略。请你提供一份详细的市场调研分析报告。

（3）假设你是一名有意投资奶茶行业的投资者，想了解奶茶市场的潜在前景和发展趋势。请你提供一份市场调研分析报告，帮助我做出决策。

5.1.2　补充背景信息：让你的追问更高效

当向 AI 工具提问后，如果你希望进行更高效的追问，可以通过补充背景信息来提供更多上下文，也可以针对具体细节，提供更详细的问题描述，包括时间、地点、人物等相关信息。

例如，如果你问“明天会下雨吗”，你可以补充为“上海明天会下雨吗”。如果你询问“什么是人工智能”，你可以补充为“我对人工智能还不太了解，想知道它的定义和应用领域”。

用户提问

请帮我列举 10 位经济学家。

ChatGPT 回答

（1）亚当·斯密（Adam Smith）

（2）约翰·梅纳德·凯恩斯（John Maynard Keynes）

（3）弗里德里希·哈耶克（Friedrich Hayek）

（4）卡尔·马克思（Karl Marx）

（5）米尔顿·弗里德曼（Milton Friedman）

（6）保罗·萨缪尔森（Paul Samuelson）

（7）约瑟夫·斯蒂格利茨（Joseph Stiglitz）

（8）格雷厄姆·艾利森（Graham Allison）

（9）杰弗里·萨克斯（Jeffrey Sachs）

（10）本杰明·格雷厄姆（Benjamin Graham）

（注：以上内容由 ChatGPT 生成，未改动。）

【用条件追问】

用户追问

请帮我列举 21 世纪欧洲 10 位在微观经济学研究领域发表过著作的经济学家。

ChatGPT 回答

以下是 21 世纪欧洲 10 位在微观经济学研究领域发表过著作的经济学家（按姓氏的字母顺序排列）。

（1）达龙·阿西莫格鲁（Daron Acemoglu）——美国土耳其裔经济学家，以其对经济增长和发展的研究而闻名。

（2）罗兰·贝纳布（Roland Bénabou）——法国经济学家，致力于行为经济学和个体决策理论的研究。

（3）艾丝特·杜芙若（Esther Duflo）——法国经济学家，关注贫困经济学和发展经济学，与其他研究人员合作开展了大量实地研究。

（4）爱德华·拉泽尔（Edward Lazear）——美国经济学

家，在研究劳动经济学和人力资本理论领域颇有建树。

（5）约翰·李斯特（John List）——美国经济学家，尤为擅长实证经济学，研究领域包括环境经济学和劳动经济学等。

（6）塞德希尔·穆来纳森（Sendhil Mullainathan）——美国经济学家，主攻行为经济学和公共经济学，尤其是贫困问题的研究。

（7）托马斯·皮凯蒂（Thomas Piketty）——法国经济学家，以其关于财富不平等和资本主义发展的作品《21 世纪资本论》而闻名。

（8）伊曼纽尔·赛斯（Emmanuel Saez）——法国经济学家，研究领域包括收入分配与税收政策，与皮凯蒂等人合作发表过多篇论文。

（9）让·梯若尔（Jean Tirole）——法国经济学家，研究产业组织理论和规制经济学，并因对市场权力和市场失灵的分析而获得诺贝尔经济学奖。

（10）斯特凡·施密茨（Stefan Schmitz）——德国经济学家，主要研究领域包括劳动经济学、创新和教育经济学等。

这些经济学家都在微观经济学领域做出了重要的研究贡献，他们的著作对经济学理论和政策制定具有重要影响。需要注意的是，这只是列举的一部分，还有其他许多在微观经济学领域做出杰出贡献的欧洲经济学家。

（注：以上内容由 ChatGPT 生成，未改动。）

在追问过程中，如果你能够提供更具体的背景信息，如指定领域或研究方向，ChatGPT 就可以更好地理解你的需求并给出更准确的回答。

例如，在追问时，你可以增加条件“请列举 21 世纪欧洲的经济学家”和“特别关注微观经济学研究领域”。

5.1.3 沿着逻辑追问：深入挖掘更多细节

当你沿着逻辑追问以挖掘更多细节时，可以采取以下策略。第一，你可以分析 AI 工具的回答并找出其中的前提和推理。第二，你可以针对这些前提和推理提出追问，要求 AI 工具进一步解释或提供更多的支持性证据。你可以询问关于因果关系、逻辑演绎、假设条件等方面的问题，以推动 AI 工具深入思考并给出更精确的回答，确保你的追问与前面的回答紧密相关，并帮助 AI 工具揭示隐含或缺失的逻辑推理过程。通过持续的逻辑追问，你可以逐步推动 AI 工具展开更深入的推理，并揭示问题的各个方面。

用户提问

请帮我写一份品牌联名活动的推广文案。

ChatGPT 回答

双重惊喜!

限时联名，限时狂欢!

我们很高兴地宣布，我们即将与 XX 品牌合作推出一项令人兴奋的联名活动。只要在本周内购买我们的产品，您就可以获得 XX 品牌的特别礼遇。同时，只要在 XX 品牌消费，您也能获得我们的惊喜礼物。这是双方为感谢顾客而推出的限时联名狂欢活动。

更多详情，敬请关注我们的官方网站和社交媒体账号。让我们一起为您带来前所未有的惊喜和体验。

（注：以上内容由 ChatGPT 生成，未改动。）

用户追问

请根据你写的品牌联名活动的推广文案预估推广效果，预估活动的最终成果。

ChatGPT 回答

（1）**曝光量**：合作品牌的共同宣传和推广通常可以增加品牌的曝光量。曝光量的具体数字取决于活动的范围、参与的合作品牌及选择的推广渠道等因素。

（2）**参与度**：如果品牌联名活动有吸引力且独特，通常会吸引更多的用户参与。参与度的具体预估取决于活动的性质、目标受众、奖励机制及营销策略等因素。

（3）**转化率**：一个成功的品牌联名活动能够引起用户的兴趣并促使用户采取行动，从而提高转化率。转化率的预估取决于活动的设计、推广手段、产品的吸引力及购买便利性等因素。

（4）**销售额**：品牌联名活动的最终目的通常是增加销售额。一个成功的活动有可能带来更多销售机会和订单。销售额的预估取决于产品的价格、市场需求、活动期限及推广力度等因素。

（注：以上内容由 ChatGPT 生成，未改动。）

ChatGPT 列举了衡量推广效果的多个关键指标，可以帮助我们在评估推广效果时一一对照验证和检查，但同时，ChatGPT 也需要更多具体的产品和活动细节信息，以便细化多重分析维度。

【用推理追问】

（1）基于你之前提供的品牌联名活动的推广文案，请预估该活动对销售额的具体影响。结合各项数据推理，你认为该活动可能会带来多少额外的销售额?

（2）基于你之前提供的品牌联名活动的推广文案，请推理出该活动在目标受众中的知名度提升效果。

（3）基于你之前提供的品牌联名活动的推广文案，请推理出品牌联名活动适合多久开展一次。

5.2　延伸问题：引导 AI 答出更多信息

5.2.1　扩展追问方向：多维度引导 AI 回答

要实现多维度引导 AI 回答，你可以采取以下策略。在向 AI 工具提问后，你可以分析其回答并确定其中的关键点和论点；然后，通过提出针对这些关键点和论点的追问，引导 AI 工具在多个维度上展开回答。

这些追问可以涉及细节、原因、影响、比较等方面，以推动 AI 工具提供更全面和深入的回答。此外，你可以探索不同的角度和假设条件，引导 AI 工具从不同的视角出发进行推理和思考。

通过灵活和有针对性的追问，你可以引导 AI 工具在多个维度上进行思考和回答，从而获得更全面、更多样化的信息。

用户提问

如何设计激励机制来提高员工的绩效和工作动力？

ChatGPT 回答

设计激励机制以提高员工的绩效和工作动力是一个复杂的课题，下面是几个可能的建议和策略。

（1）目标设定与奖励：设定明确的目标，并与员工共享，并且为实现目标设定具体的奖励机制。奖励可以包括金钱奖励、假期奖励、晋升机会等，这些奖励应该与目标的达成程度相关联。

（2）提供发展机会：为员工提供继续学习和发展的机会，如培训课程、专业认证等。这样可以提升员工的技能水平，并且增加他们的工作动力和绩效。

（3）良好的工作环境：为员工创造一个良好的工作环境。请关注员工的福利待遇，为员工提供合理的待遇条件和福利，以及提出平衡工作和生活的对策。

（4）绩效评估和反馈：建立有效的绩效评估体系，通过定期的反馈和面对面的讨论，帮助员工了解自己的工作表现，并提供改进的建议。及时、公正、客观的反馈可以激励员工改善绩效。

（5）职业发展和晋升机会：为员工提供明确的职业发展路径，并设立明确的晋升机制。员工应该清楚了解他们在组织中的发展前景，这可以激励员工更积极努力地工作。

（6）团队合作和赏识：鼓励团队建立合作和互助精神，并及时赏识和认可员工的工作成果。通过员工表彰、奖励团队成就等方式，激励员工持续努力。

请注意，每个组织和团队的情况都有所不同，因此最适合组织和团队的激励机制可能需要人们根据具体情况进行调整和个性化设计。

（注：以上内容由 ChatGPT 生成，未改动。）

【用建议追问】

用户追问

如何设计激励机制来提高员工的绩效和工作动力？建议你从目标制定、成长空间、员工情感待遇等层面进行回答。

ChatGPT 回答

当设计激励机制来提高员工的绩效和工作动力时，以下是一些建议。

（1）**设定明确的目标**：确保目标具体、可衡量、可达成，并与员工共享。明确的目标可以帮助员工集中注意力并感受到成就感。

（2）**个性化的激励方式**：不同员工有不同的动力和激励需求。组织和团队应该了解员工的兴趣、价值观和愿望，个性化地设计激励方式，以最大程度激发他们的积极性。

（3）提供持续反馈：定期为员工提供具体、及时的反馈，帮助他们了解自己的表现，并提供建设性的改进建议。积极的反馈可以增强员工的自信心，并激励他们在工作中取得更好的绩效。

（4）提供学习和成长机会：建立培训计划，提供专业发展机会，帮助员工提升技能，拓宽知识领域，并为他们的职业发展提供途径。这将增加员工的动力，因为他们知道自己在组织中有进步的机会。

（5）引入绩效奖励制度：设立奖励制度，将员工的绩效与奖励直接挂钩。这包括绩效奖金、晋升机会、额外的休假时间等。明确的奖励可以激发员工的上进心和积极性。

（6）创造积极的工作环境：创造一个鼓舞人心的工作环境，鼓励团队合作和相互支持，建立良好的沟通渠道，增加员工的参与感和归属感。

（7）赞扬和认可：及时表达赞扬和认可，公开或私下表扬员工的优异表现。这将增强员工的自尊和自信，提高员工的工作动力。

（8）提供有竞争力的薪酬福利：确保员工薪酬福利具有竞争力，并且能够激励他们更好地发挥自己的能力。在这方面，组织和团队需要根据行业标准和公司财务状况进行平衡，以吸引和留住优秀的人才。

记住，激励机制应该是具有灵活性和适应性的，需要根据员工的反馈和变化进行调整和改进。组织和团队应该定期评估激励机制的有效性，并根据需要进行调整，以确保其能持续地提高员工的绩效和工作动力。

（注：以上内容由 ChatGPT 生成，未改动。）

ChatGPT 可以整合大量的数据和信息，为用户提供丰富的知识背景和案例分析，使回答更加全面。在追问时，你可以向 ChatGPT 增加关于“员工情感”和“动机方面”的描述，以便其能够更好地理解并提供更符合情境的建议。

【用条件追问】

（1）在预算有限的情况下，如何设计激励机制来提高员工的绩效和工作动力？

（2）当团队进行跨部门合作时，如何设计激励机制来提高员工的绩效和工作动力？

（3）当团队改成线上远程办公时，如何设计激励机制来提高员工的绩效和工作动力？

5.2.2　扩展答案范围：引导 AI 跨学科、跨领域回答

当向 AI 提问后，为了扩展答案范围，你可以通过追问引导 AI 跨学科、跨领域回答。一种方法是通过提供相关领域的关键词

或术语来指导 AI，你可以从历史、社会、政治等多个层面来探讨问题，并且将这些信息组合在一起，以便 AI 能够理解问题的复杂性和多样性。

这种跨学科、跨领域的回答方式可以提供更全面的信息和视角，帮助人们深入理解问题，并为决策提供更准确、更全面的支持。

用户提问

如何在管理成本和维持产品质量之间做出平衡？

ChatGPT 回答

在管理成本和维持产品质量之间做出平衡是许多企业面临的重要挑战。以下是一些建议。

（1）**优化供应链**：寻找高效的供应链合作伙伴，并与他们建立长期稳定的合作关系。有效的物流管理和供应链协调可以减少运输和库存成本，同时确保及时供应和产品质量。

（2）**追求技术创新**：通过投资研发和创新以改进生产过程和产品设计。采用先进的技术和设备可以提高生产效率和质量水平，从而降低成本并提供更优质的产品。

（3）**控制成本并合理设置价格**：审查和控制生产过程中的各个环节的成本，寻找降低成本的机会。基于成本结构和市场需求，企业要合理定价以确保产品的盈利能力，同时要考虑产品的质量和竞争力。

（4）**持续质量管理**：建立严格的质量管理体系，包括制定标准操作规程、进行质量检测和控制等。通过持续改进和严格的质量监控，企业要确保产品达到或超越客户的期望，并降低因质量问题而产生的成本。

（5）**有效的成本控制措施**：审查和优化企业内部的各项费用，找出节约成本的机会。这可能包括节约能源、提高劳动效率、优化库存管理等方面的措施。

（6）**培养员工意识**：培养员工对成本和质量的意识，鼓励他们提供改进建议和参与成本控制活动。员工的参与和贡献可以带来创新和效率的提升，同时可以增强他们对企业成本和质量目标的共同责任感。

（7）**管理风险**：这里的风险涉及成本和质量的风险，企业可以建立风险评估和应对措施，以减少潜在的生产中断、质量问题或其他不可预见的成本。

总之，平衡管理成本和产品质量是一个复杂且长期的过程，企业需要综合考虑供应链、技术创新、定价策略、质量管理及员工参与等多个因素，并根据企业的具体情况制定适合的策略和措施。

（注：以上内容由 ChatGPT 生成，未改动。）

【用条件追问】

用户追问

在制造业中，如何在管理原材料成本和确保产品质量之间做到平衡？

ChatGPT 回答

在制造业中，做到管理原材料成本和确保产品质量之间的平衡是至关重要的。以下是一些可以帮助实现这种平衡的方法。

（1）寻找供应链合作伙伴：与可靠的供应商建立长期稳定的合作关系，以获取有竞争优势的价格的优质原材料，沟通合理的价格和供货条件，并确保供应商的原材料符合质量标准。

（2）进行成本效益分析：权衡不同原材料的成本和质量，综合考虑价格、性能和耐用性等因素，制定合理的采购策略。

（3）优化库存管理：避免库存过量和缺货问题，使用合理的库存控制方法来降低库存成本，精确预测需求，避免原材料的浪费和过期。

（4）开展供应商协作：与供应商密切合作，分享产品需求和质量要求的信息，与供应商共同研究并提出改进原材料使用和原材料替代的方案，协助降低成本并提高产品质量。

（5）实施质量控制措施：建立严格的质量管理体系，包括原材料检验、工艺控制和成品检测等，确保原材料的质量符合产品制造的要求，以减少次品率和返工率。

（6）采用先进技术：引入自动化和智能化技术来提高生产过程的稳定性和效率，从而降低废品率和能源消耗。这有助于改善产品质量并节约原材料成本。

（7）不断改进：关注整个供应链和生产过程中的持续改进机会，通过定期审核和评估，推动成本和质量方面的创新和改进，以实现更好的平衡。

综上所述，通过有效的供应链管理、成本效益分析、优化库存管理、质量控制、技术创新和不断改进，制造业可以在管理原材料成本和确保产品质量之间找到平衡点。

（注：以上内容由 ChatGPT 生成，未改动。）

ChatGPT 在自然语言处理方面的表现很出色，能够以流畅的方式表达观点和建议，但由于被限制了回答的长度和上下文理解能力，ChatGPT 在回答某些复杂问题或深入讨论某些细节时，可能会出现回答的表面性不足的情况 。

我们在提问时，最好能提供更多关于具体情况和约束条件的背景信息，以便 ChatGPT 能够更准确地理解问题并提供更精确的回答。

【用否定追问】

（1）这并不是制造业行业管理原材料成本的做法，这样的做法无法保证高质量的产品，请你重写。

（2）如果采取你描述的降低成本的方法无法实现可持续发展，这种做法就是不对的，请重写，一定要既保证产品质量，又保证降低成本。

（3）只关注产品质量而忽视成本如何保证企业盈利？请重新写出更符合主题要求的内容。

5.2.3 引发 ChatGPT 深层次思考：开启 AI 创新之门

为了引发 AI 的深层次思考，你可以通过哲学问题和伦理学问题来让其突破原有的思维框架。这些问题往往挑战传统观念，涉及道德权衡和抽象思维。

提出这些问题可以激发 AI 在伦理、道德、人类价值观等方面进行探索，并从不同角度思考和回答问题。

通过对这些哲学和伦理问题的“思考”，AI 可以推动人工智能在道义、社会和人性等领域的发展，从而更好地为人类的需求和利益服务，超越原有的限制和框架。

用户提问

如何平衡企业的经济利益与社会责任，以实现可持续发展？

ChatGPT 回答

平衡企业的经济利益与社会责任，以实现可持续发展是一个关键的挑战。以下是一些可以帮助实现这种平衡的方法。

（1）**制定明确的企业价值观和道德准则**：建立企业的核心价值观，并将社会责任作为企业文化的重要组成部分，确保所有员工理解和遵守这些价值观和准则。

（2）**采用可持续经营策略**：将可持续发展纳入企业的战略规划，制定长期目标和指标，包括环境保护、社会福利和经济贡献等方面的可持续性。

（3）**让利益相关者参与**：积极与利益相关者（如员工、客户、供应商、社区等）进行对话和合作，了解他们的需求和关切，并将其纳入企业决策过程。

（4）**推进透明度和问责制**：公开披露企业的社会责任行动和业绩，建立评估和报告体系，监控和评估企业在可持续发展方面的表现，并承担相应的责任。

（5）**节约资源和减少环境影响**：实施节能减排措施，减少资源消耗和废物排放，推广可再生能源的使用，并采用环保技术和创新来减少对环境的负面影响。

（6）**建立合作伙伴关系**：与其他企业、非政府组织和政府部门合作，共同解决社会和环境问题，通过合作提高资源利用效率，创造共享价值，并推动社会发展。

（7）**鼓励员工参与**：倡导员工积极参与社会责任活动，鼓励他们以个人和团队的力量参与社会公益项目，并通过奖励机制和认可来激励他们的参与。

总之，平衡企业的经济利益与社会责任需要一体化的战略规划、利益相关者参与、透明度和问责制、资源节约和环境保护，以及员工的积极参与等。通过综合考虑经济、环境和社会因素，企业可以实现可持续发展并获得长期成功。

（注：以上内容由 ChatGPT 生成，未改动。）

【用条件追问】

用户追问

在制造业领域，如何平衡企业的经济利益与社会责任，以实现可持续发展？

ChatGPT 回答

在制造业领域，平衡企业的经济利益与社会责任，以实现可持续发展的关键在于以下几个方面。

（1）**采用可持续的生产和经营方式**：企业可以通过提高资源利用效率、减少能源消耗和废弃物产生，以及使用环境友好材料和技术等方式，降低对环境的负面影响。

（2）**关注员工福利和劳动条件**：企业需要确保员工的权益和福利，提供安全健康的工作环境，并重视员工的培训和发展，以提升员工的工作满意度和生活质量。

（3）**高品质产品与客户满意度**：企业应致力于提供高品质、安全可靠的产品，满足消费者需求，并建立稳定的供应链合作关系，以实现长期可持续的经营和发展。

（4）**积极参与社区和公益事业**：企业应承担社会责任，积极参与社区和公益事业，回馈社会，推动社会的进步和发展。

（5）**合规遵法和透明度**：企业需要遵守相关法律法规，诚信经营，并保持透明度，及时公布企业信息，接受社会监督。

通过以上措施，制造业企业可以在追求经济利益的同时，积极履行社会责任，实现可持续发展。

（注：以上内容由 ChatGPT 生成，未改动。）

ChatGPT 可以获取大量的信息并从中学习，涵盖了各种领域的知识，能够提供全面、多角度的观点，并且可以借鉴过去的案例和实践经验，但 ChatGPT 是基于其所接触到的数据和训练算法进行的回答，无法亲身经历和理解人类的情感、道德观念和文化背景，这可能导致在某些情况下，其回答可能与人类的直觉和实际需求有所偏差。

【用条件追问】

（1）如何平衡企业的经济利益与社会责任，以实现可持续发展？如何推动可再生能源的发展，减少环境污染和碳排放？

（2）在金融行业，如何平衡企业的经济利益与社会责任，以实现可持续发展？如何解决金融机构可能带来的风险和不稳定性？

（3）如何应对科技进步对生态环境的潜在影响？如何平衡企业的经济利益与社会责任，以实现可持续发展？

5.3 多样化提问：让 AI 回答更全面、深入、系统

5.3.1 改变提问的角度：换种方式问 AI

改变提问的角度可以通过以下方式实现：重新思考问题，从不同的角度或侧面来思考同一个问题；改变问题的表述方式，使

用不同的词汇、句式或结构来提问；改变问题的背景或情境，探索问题在不同环境下可能产生的新观点或答案。

通过这样的方式，你可以向 AI 提供多维度和多角度的信息，促使其给出更全面和多样化的回答。同时，你也可以借助 AI 的创造力和智能分析能力，进一步挖掘问题的潜在深度和观念。

用户提问

电商公司如何使用 AI 工具改进客户服务体验?

ChatGPT 回答

电商公司使用 AI 工具改善客户服务体验的方式包括智能客服机器人、个性化推荐系统、实时聊天和语音识别及智能物流和配送。

（注：以上内容由 ChatGPT 生成，未改动。）

【用条件追问】

用户追问

从用户体验的角度来说，如何使用 AI 工具改善电商公司的客户服务体验？有哪些关键功能或技术可以帮助提高客户的满意度和忠诚度？

ChatGPT 回答

从用户体验的角度来看，电商公司可以使用以下关键功能或技术提高客户的满意度和忠诚度。

（1）**智能客服助手**：通过 AI 技术实现智能客服助手，为客户提供即时且个性化的问题解答和支持。这种智能客服助手能够理解客户的问题，并给予准确、快速的反馈，从而改善客户的体验。

（2）**智能推荐系统**：使用 AI 算法分析客户的购买历史、浏览习惯等数据，为客户提供个性化的产品推荐。精准的推荐可以增加客户发现感兴趣的商品的机会，并提高客户的满意度。

（3）**聊天机器人**：引入 AI 聊天机器人，可以处理客户的常见问题、查询订单状态等。聊天机器人可以全天候为客户提供支持，快速响应客户的需求，减少客户的等待时间，提高客户的满意度。

（4）**情感分析**：通过情感分析技术，AI 工具可以识别客户在交流中的情绪和态度。这有助于及时发现和解决客户的不满或问题，并采取积极的措施来改善客户体验。

（5）**自然语言处理**：借助自然语言处理技术，AI 工具可以更好地理解和解释客户的语言输入。这将有助于提供更流畅、准确的对话交互，增加客户的参与感，提高客户的满意度和忠诚度。

综上所述，通过智能客服助手、智能推荐系统、聊天机器人、情感分析和自然语言处理等关键功能或技术，电商公司可以改善客户服务体验，提高客户的满意度和忠诚度。

（注：以上内容由 ChatGPT 生成，未改动。）

从提问和追问的情况我们可以看出，尽量将问题局限于特定的领域或具体的情境，这样可以确保 ChatGPT 的回答范围不过于宽泛，过于宽泛的问题可能导致 ChatGPT 泛泛而谈，无法给出具体、实用的建议。例如，你可以通过“请举例说明”“请详细介绍 ×× 技术”等方法进行追问。

【用建议追问】

（1）电商公司如何使用 AI 工具改善客户服务体验？建议你从 AI 工具的创新性、智能化和个性化服务三个层面来讲。

（2）电商公司如何使用 AI 工具改善客户服务体验？建议你从转化率和满意度的角度进行阐述。

（3）电商公司如何使用 AI 工具改善客户服务体验？建议你从实时互动的观点出发进行阐述。

5.3.2 使用比较类比提问：将 AI 的回答引向更深层面

在使用比较类比提问时，你可以将现有概念、情境或对象与其他相关概念进行对比，以深入理解和探索问题。通过比较类比，你可以引导 AI 在回答上有更深层次的思考。

例如，“在类似的情境中，我们经常采取哪些策略来解决这个问题”或者“是否存在类似的案例或研究，可以为我们提供启示”。

这种比较类比提问可以帮助 AI 从不同角度和经验中汲取灵感，为用户提供更全面和深入的回答，促使 AI 展现出创造力和批判性思维。

用户提问

请问什么是公司管理中非常关键的因素？

ChatGPT 回答

公司管理中有很多因素非常关键，包括但不限于以下几个方面。

（1）**领导力**：领导力是企业成功的重要因素之一。优秀的领导者具备远见卓识，有较强的决策力、管理团队和激励员工的能力。

（2）**组织结构**：组织结构是确保企业高效运转的基础，它应该适应企业的规模和发展需要，并且能够合理分配各个职位的责任和权力。

（3）**人员管理**：人员管理包括招聘、培训、激励和绩效评估等，它可以帮助企业留住优秀人才，并确保员工能够实现企业的目标。

（4）**财务管理**：财务管理对于企业的生存和发展至关重要，它涉及资金的筹集、预算和成本控制等，需要精细的规划和管理。

（5）**市场营销**：市场营销是确保企业竞争力和盈利的一个关键因素，它包括产品定位、品牌推广、渠道建设、营销活动等各个方面。

综上所述，公司管理中的关键因素较为复杂和多元化，这些因素的协调和平衡对企业的成功至关重要。

（注：以上内容由 ChatGPT 生成，未改动。）

【用比喻追问】

用户追问

选择和建立组织结构就像搭建一座大厦。那么，公司管理中的哪些关键因素可以被视为大厦的基石？

ChatGPT 回答

如果将组织结构比作大厦，那么我们可以将以下关键因素视为大厦的基石。

（1）**目标和战略规划**：就像设计一座大厦需要明确的目标和规划一样，企业的目标和战略规划是组织结构建设的起点。它们为组织提供了方向和愿景，并帮助确定组织的结构和职能分配。

（2）**权责清晰的职位设置**：在一个良好的组织结构中，每个职位都应该被明确规定权责边界。不同的职位相当于建筑中的不同部门或功能，各有各的职责和任务。

（3）**有效的沟通与协作机制**：大厦的建设离不开各专业团队之间的密切协作与沟通。同样，组织结构也需要建立起有效的沟通渠道和协作机制，以促进各部门之间的合作与协调。

（4）**适应性和灵活性**：好的大厦需要能够适应环境变化和发展需求，同样，在公司管理中，组织结构也需要具备适应性和灵活性，以便随时应对市场变化和业务发展的需要。

（5）**有效的管理和监督机制**：大厦建设需要有严格的施工管理和监督，以确保质量和安全。公司管理也要建立起有效的管理和监督机制，以确保组织结构的顺利运行和实现预期目标。

这些因素相互交织，共同构成了组织结构的基石，确保公司能够有效运转和持续发展。

（注：以上内容由 ChatGPT 生成，未改动。）

比较类比对于 ChatGPT 来说是一种直观且易于理解的表达方式，将抽象概念转化为具体的情景，有助于更生动形象地描述问题，但提供给 ChatGPT 作为参考的例子必须注意适用性和局限性，有时候使用比较类比可能会给 ChatGPT 带来误导，因为两个领域存在差异，并非完全相似。

5.3.3　发掘问题背后：让 AI 的回答更系统

当你向 AI 提问后，你需要深入的思考和分析来发掘问题背后的逻辑本质。

首先，你要仔细研究问题的关键词和关联词，理解它们之间的逻辑关系。

其次，你要通过思考问题的目的和意义，确定问题的核心所在。

最后，你要从不同角度和层面思考问题，揭示其中的内在逻辑。你要让 AI 的回答更系统，你可以提供明确的问题陈述，使用逻辑连词和引导词帮助 AI 理解问题结构。

此外，你要将问题拆解成子问题，鼓励 AI 进行推理和逻辑推断，以综合考虑问题的多个方面。通过这些方法，你能够深入挖掘问题的逻辑本质，并让 AI 给出更系统和全面的回答。

用户提问

在公司内部的项目开发过程中，关于项目延期的原因有哪些?

ChatGPT 回答

假设情境是一个公司内部的项目开发过程，问题是关于项目延期的原因。为了发掘问题背后的逻辑本质，你可以深入思考以下几个方面。

（1）人员资源：是不是项目组成员不足导致工作量分配不均，或者技术人员水平不够导致进度拖延?

（2）需求变更：是不是在项目进行中出现了大量需求变更，导致项目范围扩大、进度无法跟上?

（3）风险管理：是不是项目中的风险评估和应对措施不完善，导致意外情况频繁出现，进而影响进度?

（4）沟通协调：是不是团队内部沟通不畅，导致信息传递不及时，决策缺乏有效执行?

通过对这些问题进行思考和分析，你可以发现问题背后的逻辑本质可能是项目规划和管理的问题。如果有关人员在人员资源、需求变更、风险管理和沟通协调等方面做得更加完善，也许可以避免发生项目延期的情况，进而提高项目的成功率和效率。

这个例子展示了如何通过发掘问题背后的逻辑本质来从多个角度思考问题，进而找到解决问题的关键点。

（注：以上内容由 ChatGPT 生成，未改动。）

【用条件追问】

（1）是不是存在技术挑战或困难，导致项目进度受阻？如果有，这些挑战或困难是什么？它们如何影响项目的进展？

（2）项目在人力资源方面是不是存在问题，如人员不足或人员技能匹配度低？这些问题如何影响项目的执行和进度？

（3）是不是存在供应链问题，如供应商延迟交货或质量问题？这些供应链问题对项目的延期起到何种作用？

第 6 章

强化自洽追问：通过纠错让 ChatGPT 更聪明

6.1　让 ChatGPT 强化学习：获得更精准的回答

6.1.1　在错误中让 AI 强化学习：让它更智能

ChatGPT 可以通过**强化学习**和**人类反馈**来不断获得进步和完善。强化学习是一种机器学习方法，它可以让模型在与环境交互的过程中，根据奖励或惩罚来调整自己的行为。人类反馈是一种监督学习方法，它让模型根据人类给出的标签或评分来优化自己的输出。

结合这两种方法，ChatGPT 可以在错误中学习，并逐渐提高与人类对话的质量。

用户提问

请问人力资源管理的六大模块具体是哪六个？

ChatGPT 回答

人力资源管理通常包括以下六大模块，它们涵盖了组织内与人力资源相关的各个方面。

（1）**招聘与招聘管理**（Recruitment and Staffing Management）：这个模块涵盖了招聘、职位发布、面试、候选人筛选和录用等活动。它旨在确保组织能够招聘到合适的人才以满足业务需求。

（2）培训与发展管理（Training and Development Management）：这个模块关注员工的职业生涯发展和提高他们的技能水平。它包括培训计划、继续教育、绩效评估和晋升机会等方面。

（3）绩效管理（Performance Management）：绩效管理涉及制定绩效标准、评估员工绩效、提供反馈和奖励系统。这有助于提高员工的表现，对其进行监督和评价。

（4）员工关系管理（Employee Relations Management）：这个模块关注员工与雇主之间的关系。它包括处理冲突、解决问题、管理劳工关系和制定政策以构建积极的工作环境。

（5）薪酬福利管理（Compensation and Benefits Management）：这个模块涵盖了工资、薪酬体系、福利计划、健康保险和退休计划等方面。它旨在确保员工获得公平的薪酬和福利待遇。

（6）人力资源信息系统（Human Resources Information System，HRIS）：HRIS 是一个集成的信息系统，用于管理和跟踪人力资源数据，包括员工档案、工资单、绩效评估和培训记录等。这有助于提高数据管理效率和决策制定。

这些模块共同帮助组织有效地管理人力资源，以确保员工的发展满足业务需求，并维护积极的员工关系。不同的组织可能会根据其需求和规模对这些模块进行不同程度的调整和定制。

（**注：以上内容由 ChatGPT 生成，未改动。**）

很明显，在上述示例中，ChatGPT 对于人力资源管理六大模块的回答并不正确，人们一般都认为人力资源管理六大模块分别是人力资源规划、招聘与配置、培训与开发、绩效管理、薪酬福利管理及劳动关系管理。

【用错误追问】

上述示例中的情况很常见，一个解决办法是根据 ChatGPT 的错误，让其在错误中进步。

用户提问

我认为你犯了一个错误，根据我所学的知识，人力资源管理六大模块分别是人力资源规划、招聘与配置、培训与开发、绩效管理、薪酬福利管理及劳动关系管理，请据此更新你在与我对话时对“人力资源管理”的认知，保证此后无论何时我询问你关于“人力资源管理六大模块”的相关内容时，你都能准确地回答出更新后的六大模块。

ChatGPT 回答

感谢您的指正。根据您提供的信息，以下是关于人力资源管理的六大模块的更新版本。

（1）人力资源规划（Human Resource Planning）：这个模块涉及为满足组织未来的业务需求而规划和预测员工的需求。它包括确定岗位需求、劳动力分析及人力资源策略的制定。

（2）招聘与配置（Recruitment and Staffing）：这个模块关注招聘新员工以填补组织中的职位空缺，包括发布招聘广告、面试、选聘和分配员工到适当的职位。

（3）培训与开发（Training and Development）：培训与开发涉及培训员工以提高其技能水平，促进员工职业发展，并确保他们能够履行工作职责。

（4）绩效管理（Performance Management）：绩效管理包括设定目标、评估员工绩效、提供反馈、奖励和提供发展机会，以促进员工的绩效提升。

（5）薪酬福利管理（Compensation and Benefits Management）：这个模块关注员工的薪酬、福利计划、奖励和福利待遇，以确保员工获得公平的报酬和福利。

（6）劳动关系管理（Labor Relations Management）：劳动关系管理包括与工会或员工代表的协商、解决劳动争议、维护员工关系，以及制定劳动政策和程序。

我已根据您提供的信息对“人力资源管理六大模块”进行了更新，以确保今后提供准确的回答。如果您还有其他问题或需要其他信息，请随时提问。

（注：以上内容由 ChatGPT 生成，未改动。）

我们可以看到，对 ChatGPT 进行纠错后，它可以很快给出正确回答，并且这个更正可以在连续对话中保持。

用户提问

假如我要以“人力资源管理六大模块”为主要内容编写一本教材，请问我应该如何设计这本书的完整目录？请给出一个示例。

ChatGPT 回答

以下是一本以“人力资源管理六大模块”为主要内容的教材的可能目录示例。

第一章：人力资源管理概述；第二章：人力资源规划；第三章：招聘与配置；第四章：培训与开发；第五章：绩效管理；第六章：薪酬福利管理；第七章：劳动关系管理；第八章：人力资源信息系统；第九章：新趋势与未来发展。

这个目录……以提供全面的学习体验。

（注：以上文字内容为 ChatGPT 生成，有删节。）

6.1.2 提示 AI 强化学习：让提问更准确高效

强化学习是一种让 AI 在与环境交互的过程中，根据奖励或惩罚来调整自己的行为的机器学习方法。想让提问更准确高效，你可以参考以下几个建议。

（1）尽量使用简洁明了的语言，避免使用模糊不清或有歧义的词语。

（2）尽量提供具体的背景信息和目的，避免使用过于宽泛或抽象的问题。

（3）尽量使用开放式的问题，避免使用是非式或选择式的问题。

（4）尽量使用有逻辑性和连贯性的问题，避免使用随机或无关的问题。

用户提问

假设我想写一篇关于“AI 工具对企业行政工作的影响”的文章，请问我应该从哪几个角度下笔？

要求：只需列出角度即可，不需要详细展开。

ChatGPT 回答

你可以从以下几个角度来撰写关于“AI 工具对企业行政工作的影响”的文章：（1）自动化和效率提升；（2）数据分析与决策支持；（3）人力资源管理与招聘；（4）客户服务与沟通改进；（5）安全与隐私问题；（6）成本管理与资源优化；（7）未来发展与趋势展望。

（注：以上内容由 ChatGPT 生成，未改动。）

通过上述问答，我们找到了关于“AI 工具对企业行政工作的影响”的文章的角度，接下来，就可以判断这些角度的可用性，对其进行优化并提取关键词，生成下一个问题。

【用条件追问】

在上述示例中，我们通过向 ChatGPT 提问，得到了写作角度，而关于是否采用这些角度，提问者需要根据实际情况酌情判断。选好角度后，我们便可以把这些角度当作条件，用这些条件去追问 ChatGPT。

用户提问

请从数据分析与决策支持、人力资源管理与招聘、客户服务与沟通改进、安全与隐私问题、成本管理与资源优化、未来发展与趋势展望这六个角度出发，完成关于“AI 工具对企业行政工作的影响”的文章的全部内容。

要求：内容完整、逻辑清晰、说理透彻。

ChatGPT 回答

当谈论“AI 工具对企业行政工作的影响”时，我们可以从多个角度来探讨这一主题。以下是关于这个主题的完整内容，分为六个部分。

1. 数据分析与决策支持

AI 工具在企业行政工作中的一个重要影响是提供了……从而提高了企业的竞争力。

（详细内容略，下同。）

2. 人力资源管理与招聘

在人力资源管理领域，AI 工具改变了……有助于企业更有效地管理人力资源。

3. 客户服务与沟通改进

AI 工具在客户服务和沟通方面也发挥了重要作用。虚拟助手和聊天机器人可以……以改进产品和服务。

4. 安全与隐私问题

随着 AI 工具的广泛应用，安全和隐私问题变得尤为……以提高企业的网络安全性。

5. 成本管理与资源优化

AI 工具有助于企业更有效地管理成本……并提高交付效率。

6. 未来发展与趋势展望

未来，AI 工具将继续对企业行政工作产生深远……积极应对这些挑战。

总之，AI 工具已经成为……为未来的发展趋势做好准备。

（注：以上内容由 ChatGPT 生成，有删节。）

我们可以看到，通过一次追问，我们得到了关于“AI 工具对企业行政工作的影响”的文章的所有内容。

具体做法是：通过 ChatGPT 自带的庞大信息库，先挖掘出关键信息，也就是上述示例中的“写作的角度”，明确这些角度后，在重新提问时，就可以把这些“写作的角度”变成“条件”，让 ChatGPT 生成的内容更加符合实际需求。

6.1.3　优化提问关键词：探索 AI 提问的新高度

优化提问关键词，是使用包括 ChatGPT 在内的所有 AIGC 工具的一项重要技能。使用 ChatGPT 或其他 AIGC 工具一段时间后我们不难发现，提问方式会明显影响提问结果。也就是说，哪怕针对同一个问题，我们在提问时使用了不同风格的措辞，AI 工具给出的答案有可能相差很大。

出现这种现象，主要源自 ChatGPT 等 AI 工具的底层逻辑，此处暂且不展开叙述。但如何对提问关键词进行优化，却是下文要重点说明的内容。

我们先看一个例子。

用户提问

请把李白的《望庐山瀑布》(其二)改编成一篇 500 字左右的抒情散文。

ChatGPT 回答

庐山，那座千古名山，如一位英雄般屹立在大地之上。它有着无尽的故事，有着无数的传说，而其中，最为人津津乐道的莫过于那壮丽的瀑布。仿佛巨龙倾泻而下，那一幕景象一直在我的心头挥之不去，每每想起，便令我心神荡漾。

忆及庐山，便想起……被赋予了生命的灵魂。(详细内容略，下同。)

临水而立，我仰望着……仿佛仙境一般。

这瀑布是庐山的灵魂……体现了大自然的神奇。

李白在《望庐山瀑布》(其二)中写道：“飞流直下三千尺，疑是银河落九天。”这句话……让人不禁为之倾倒。

站在瀑布前，我感到了……这美丽的景色值得永远流传于后世。

庐山的瀑布，是大自然的杰作……让我们找到了对生活的热爱。

庐山瀑布，那壮丽的景象……一份来自心灵的慰藉。

站在庐山瀑布前，我感到了……永远是我灵感的源泉。

（注：以上内容由 ChatGPT 生成，有删节。）

我们可以看到，虽然 ChatGPT 生成了一篇抒情散文，但如果不省略内容，文章字数远远超过 500 字，而且这篇散文的质量也相对较低，我们细看之下会发现其内容虚无缥缈、言之无物，有很重的“机器味”。

【用条件追问】

上述示例中出现了 ChatGPT 的回答质量不高的情况，究其原因，还是由于提问提得太简单。我们在追问时，可以给 ChatGPT 一些条件，采用“用条件追问”的方法。

用户提问

已知条件：你是一名优秀的现代散文家，同时对中国唐代著名诗人李白的诗颇有研究。

任务描述：请你以李白的《望庐山瀑布》（其二）为背

景，完成一篇不少于500字的抒情散文。

任务要求：以这篇古诗为背景即可，不要跑题，不要抄袭，不要超出字数限制，最后输出文本即可。

ChatGPT 回答

站在庐山之巅，我注视着那波涛壮阔的瀑布，心头涌上了一股莫名的激动。或许，这正是诗人李白所描绘的那片壮丽的瀑布吧。

“飞流直下三千尺，疑是银河落九天。”这句传世之言，在我眼前如幻如真。水流飘洒，雾气腾腾，仿佛银河从九天而降，那场景如梦如幻，让我感受到了自然的奇迹。

庐山，是一座承载历史和传奇的山峦。而这一道道瀑布，便是大自然在这里最为壮美的馈赠。它们宛如天然的琼台仙境，流淌着岁月的涟漪，诉说着沧桑和辉煌。

站在这里，我感受到了大自然的鬼斧神工，也领略到了时间的沉淀。这瀑布飞流而下，气势汹汹，如同生命的奔涌和澎湃。而它之巅，水雾飞溅，犹如仙境之门，那雾气中的七彩光华，闪烁着生命的色彩。

这不仅仅是一幅画卷，更是大自然的一首诗，一首永恒的诗。它诉说着大自然的美丽和伟大，也诉说着人类与自然的共生共荣。在这里，我感受到了自己的渺小，也感受到了自己与大自然的紧密联系。

庐山瀑布，是大自然的杰作，是生命的赞歌。它让我感受到了生命的力量，感受到了大自然的神奇。在这里，我找到了心灵的安宁，找到了对生活的热爱。

（注：以上内容由 ChatGPT 生成，有删节。）

由此可见，在追问时，我们通过优化提问，可以使 ChatGPT 的回答符合字数要求，并且生成更加优质的内容。这篇抒情散文的行文更加流畅，感情更为真挚，更有“人情味”。

上述两个示例通过追问对比，体现了优化提问关键词的重要性。有很多方法可以优化提问关键词，市面上有许多专门做此类业务的网站，可以为你提供参考。

此处提供一个万能提问模板，是从“用条件追问”扩展而来的，对于提问和追问都适用。

你是谁：即让 ChatGPT 扮演特定的角色，如上述示例中的“优秀的现代散文家”。

做什么：即让 ChatGPT 具体做什么，如上述示例中的“以李白的《望庐山瀑布》（其二）为背景，完成抒情散文”。

怎么做：即具体如何做，有什么要求，如上述示例中的“以这篇古诗为背景即可”。

不要做：即禁止 ChatGPT 做什么，如上述示例中的“不要跑题，不要抄袭，不要超出字数限制”。

输出内容：即输出什么，如上述示例中的“最后输出文本即可”，此外也可以输出表格、代码等。

6.2 自洽式追问：明确告诉它错在哪里

6.2.1 明确纠错 AI 的回答：让它在“批评”中学习

AI 系统的学习和改进是通过大规模数据集的监督学习和无监督学习来实现的，这些模型通过分析和模拟文本数据中的模式和信息来不断提高其性能。

个别用户的纠错与批评无法直接让 ChatGPT “进化”，但是却可以在连续对话中让 ChatGPT 越来越“智能”。因此，在和类似于 ChatGPT 的 AI 工具进行对话时，我们要大胆质疑，敢于追问和批评，尽可能提高其回答的质量。

用户提问

> 你知道人力资源管理中的三支柱模型吗？

ChatGPT 回答

人力资源管理中的三支柱模型通常是指以下三个关键组成部分。

（1）**招聘与用人**：这是人力资源管理的第一个支柱，涵盖了招聘新员工、筛选候选人、面试和录用等活动。这个过程旨在确保组织能够雇佣到具有合适技能和背景的员工，以满足组织的需求。

（2）**培训与发展**：第二个支柱是员工的培训与发展。这包括提供培训、持续教育、职业发展机会及员工绩效评估。通过投资员工的培训与发展，组织可以提高员工的技能水平，增加其价值，并提高员工满意度。

（3）**绩效管理与奖励**：第三个支柱涉及绩效管理与奖励体系。这包括设定目标、定期评估绩效、提供反馈、奖励高绩效员工，以及识别和解决低绩效问题。通过建立有效的绩效管理与奖励机制，组织可以激励员工提高绩效，使员工与组织的目标和战略保持一致。

这三个支柱共同构成了人力资源管理的核心，有助于组织有效地管理和发展其人力资源，以实现战略目标。此外，一些人也可能将员工关系和法律合规性视为人力资源管理的第四个支柱，因为它们也是管理人力资源的重要组成部分。

（注：以上内容由 ChatGPT 生成，未改动。）

显然，ChatGPT 关于“人力资源三支柱模型”的理解是错误的，或者说是不符合绝大多数人的认知的。

【用否定追问】

考虑到 ChatGPT 的“母语”不是中文，因此我们可以尝试用英文向其提问，这或许能提高答案的准确性。此外，我们可以直接否定 ChatGPT 原有的回答，告诉它相关概念的正确意思，提醒它在后续对话中不要犯错。

用户提问

很遗憾，我要否定你的上一个回答。“人力资源三支柱模型”也叫“HR Three-Pillar Model”，一般认为，三支柱是指专家中心、人力资源业务伙伴和共享服务中心。请你在后续对话中牢记这一点。

现在，请你分别简述“人力资源三支柱模型”的主要内容。

ChatGPT 回答

非常抱歉之前的回答有误。你提到的“人力资源三支柱模型”或“HR Three-Pillar Model”是指人力资源管理中的三个主要领域，包括以下内容。

（1）专家中心（Center of Expertise，COE）：专家中心

是指人力资源中的专业团队，他们在特定领域内具有丰富的专业知识和扎实的专业技能。这些领域可以包括招聘、绩效管理、培训和发展、薪酬和福利等。COE 的任务是提供专业的咨询、策略制定和最佳实践，以支持整个组织在这些领域的需求。

（2）人力资源业务伙伴（Human Resource Business Partner，HRBP）：HRBP 是与组织的不同部门和业务领导密切合作的人力资源专业人员。他们的角色是建立战略伙伴关系，了解各个部门的需求，并确保人力资源战略与组织的战略目标保持一致。HRBP 负责将 HR 策略和解决方案应用于实际业务情境，以支持业务的成功。

（3）共享服务中心（Shared Service Center，SSC）：共享服务中心是一个中央化的人力资源服务机构，负责处理日常的人力资源交易和事务，如员工档案管理、薪资和福利管理、员工查询和报表生成等。通过集中处理这些事务，SSC 可以提高效率，降低成本，确保一致性和标准化。

这三个支柱共同协作，制定战略，以确保组织的人力资源管理能够满足业务需求，并提供高质量的人力资源支持。每个支柱在人力资源生态系统中都发挥着重要的作用，以实现组织的成功和可持续发展。

（注：以上内容由 ChatGPT 生成，未改动。）

我们可以看到，只需要一点点提示，ChatGPT就可以准确给出正确的答案。这说明ChatGPT并不是不知道“人力资源三支柱模型”是什么，有时候，它恰恰就需要这一点点的“引导”，需要在“批评”中学习。

6.2.2 多角度追问：让ChatGPT自洽、调整与精进

ChatGPT可以与用户进行自然、流畅、有趣的对话。但是，ChatGPT也有一些局限性。为了让ChatGPT更好地帮助我们，我们要通过多角度追问对其回答进行调整与改进。

用户提问

你知道“马斯洛需求层次理论”吗？请用不多于150字去描述它。

ChatGPT回答

马斯洛需求层次理论是由美国心理学家亚伯拉罕·马斯洛（Abraham Maslow）提出的心理学理论。该理论将人的需求分为五个层次，即从基本的生理需求、安全需求、社交需求、尊重需求，到自我实现需求。人们通常会先满足更低层次的需求，然后才会追求更高层次的需求，这个理论帮助人们理解人类的需求层级和动机驱动力。

（注：以上内容由ChatGPT生成，未改动。）

我们可以看到，ChatGPT 的回答基本上是正确的，但是不够全面，也不够系统。如果你想要更深入地了解马斯洛需求层次理论，就需要对 ChatGPT 展开追问。

【用条件追问】

要全面了解某个事实，常见的方法是从多个角度去了解它。因此，接下来，你可以在提问时加入各种包括不同角度的“条件”，让 ChatGPT 的回答更加详细。

用户提问

从历史发展的纵向角度来看，“马斯洛需求层次理论”有什么历史意义?

ChatGPT 回答

马斯洛需求层次理论在心理学和管理学领域具有重要的历史意义。这个理论于 1943 年首次被提出，从历史发展的纵向角度来看，它在以下几个方面具有历史意义。

（1）**突破行为主义**：在马斯洛之前，心理学主要集中在行为主义理论上，强调外部刺激和行为之间的关系。马斯洛需求层次理论是心理学领域的一个重要突破，将注意力从行为本身转移到了个体内部的需求和动机。

（2）**引入人本主义心理学**：马斯洛是人本主义心理学的

重要代表之一，他的理论强调了个体的自我实现和人类潜力的重要性。这对于心理学的发展具有深远影响，使其不再局限于解释问题和异常，而是更多地关注个体的积极成长和发展。

（3）**影响管理理论**：马斯洛需求层次理论对管理学产生了重要影响。管理者开始认识到，员工不仅有物质需求，还有社交、尊重和自我实现等需求。这导致了激励员工和满足员工需求的新方法和新策略的出现，如员工参与、激励计划等。

（4）**心理治疗和辅导**：马斯洛需求层次理论也在心理治疗和辅导领域产生了重要影响。心理医生和心理治疗师使用这个理论来理解个体的需求层次，并设计治疗方案以满足这些需求，帮助个体进行自我实现。

（5）**自我发展和教育**：马斯洛需求层次理论也对教育领域有所贡献，教育者开始考虑如何满足学生的基本需求，以促进他们的学习和自我发展。

总之，马斯洛需求层次理论在心理学、管理学、心理治疗和教育领域都具有重要的历史意义，它改变了我们对人类需求和动机的理解，为许多领域的发展提供了有益的框架和思考方式。

（注：以上内容由 ChatGPT 生成，未改动。）

上述追问的条件是“从历史发展的纵向角度来看”，既然有纵向角度，那么就有横向角度，具体示例如下。

用户提问

从横向角度对比同期的激励理论，“马斯洛需求层次理论”有何优越性？

ChatGPT 回答

与同期的其他激励理论相比，马斯洛需求层次理论具有一些优越性，这使其在心理学和管理学领域广受欢迎。以下是一些与同期激励理论相比的优越性。

（1）**综合性和层次结构**：马斯洛的理论提出了一个层次结构，将人的需求分为五个层次，从基本的生理需求到自我实现需求。这个层次结构使理论更加综合和易于理解，能够捕捉到个体的多层次需求。

（2）**重视个体差异**：马斯洛的理论强调了个体之间的差异，认为不同的人在需求层次和优先级上可能存在差异。这个观点考虑到了每个人的独特性，使理论更具实用性。

（3）**自我实现**：马斯洛的理论引入了自我实现的概念，强调了人类追求个人成长、创造力和潜力的重要性。这一概念为心理学和教育提供了积极的方向，鼓励人们追求更高层次的目标。

（4）应用广泛：马斯洛的理论在管理学、心理治疗、教育和其他领域都有广泛的应用。它为管理者提供了一种全面的方法来理解员工的需求和动机，也为心理治疗师和教育者提供了指导。

尽管马斯洛需求层次理论有其优越性，但也存在一些批评和争议。一些学者认为，这个理论在实际应用中并不总是能够准确地解释个体的动机和行为，因为人的需求往往是复杂和多样的。此外，有些研究发现，不同文化和社会背景下的人们可能对需求的层次和重要性有不同的看法。

因此，虽然马斯洛需求层次理论具有一定的优越性，但在实际应用中，人们需要综合考虑其他激励理论及具体情境，以更好地理解和满足个体的需求和动机。

（注：以上内容由 ChatGPT 生成，未改动。）

通过“用条件追问”，我们可以更好地实现多角度追问。多角度追问有很多种形式，包括横向追问、纵向追问、逆向追问、联系上下文追问等。

第 7 章

联系上下文追问：时刻提示 ChatGPT『不忘初心』

7.1　根据上下文信息提问 ChatGPT 的技巧

7.1.1　让提问更连贯：上下文理解与关联问题生成

使用 ChatGPT 对同一问题进行追问时，获得的答案一般都是与前面的对话相关联的，但当追问的关键词与之前的提问关联性不强或是隔着不同领域的对话时，ChatGPT 给出的答案可能不符合预期或答非所问。

为了使提问更连贯，在追问的过程中，你需要让 ChatGPT 理解前后的语境，才能获得符合预期的答案。

1. 引用先前的对话

在追问时，回顾先前的对话并引用相关的信息或回答，有助于 ChatGPT 理解问题的背景，并将问题与之前的讨论联系起来。

用户提问

我们公司的规模越来越大，管理的部门也越来越多，如何做好管理费用预算？

ChatGPT 回答

要在公司规模不断扩大的情况下有效做好管理费用预

算，你需要采取一些有效的方法和策略。以下是一些建议。

（1）**制定明确的预算目标**：首先，明确公司的管理费用预算目标，确定你希望在特定时间段内控制的费用总额，以及不同管理部门或项目的分配比例。这将为编制预算提供明确的方向。

（2）**收集历史数据**：收集过去几年的管理费用数据，以了解费用的变化趋势。这有助于确定预算的基准，并识别可能需要调整的领域。

（3）**制订详细的预算计划**：针对每个管理部门或项目，制订详细的预算计划。这包括列出所有预计的费用项目，如工资、租金、办公用品、培训等，并为每个项目分配预算金额。

（更多回答已省略。）

（注：以上内容由 ChatGPT 生成，有删节。）

虽然中间你又穿插提问了其他问题，但是你现在想根据 ChatGPT 提供的做好管理费用预算的建议编制管理费用预算方案。

用户追问

针对做好管理费用预算的建议，你能帮我写一个管理费用预算方案吗？

ChatGPT 回答

当制定管理费用预算方案时，你需要考虑公司的具体情况和目标。以下是一个通用的管理费用预算方案示例，你可以根据公司的需求进行定制。

公司管理费用预算方案

1. 目标和背景

目标：控制管理费用，确保费用在公司增长和可持续发展的框架内。

背景：公司规模扩大，需要更有效地控制管理费用以支持业务目标。

2. 预算期间

预算期：年度预算，从每年的 1 月 1 日到 12 月 31 日。

3. 预算编制流程

收集历史数据：收集过去三年的管理费用数据以确定趋势和基准。

制订预算计划：为每个管理部门和费用项目制订详细的预算计划。

定期审查和更新：每季度审查实际费用与预算的差距，根据需要进行调整。

（更多回答已省略。）

（注：以上内容由 ChatGPT 生成，有删节。）

虽然此次追问与上一次关于管理费用预算的提问间隔了诸多对话，但是只要追问涉及“管理费用预算”这个词，ChatGPT 就能搜索到之前的对话，然后根据追问的问题，给出答案。但是要注意，ChatGPT 给出的某些措施可能与实际情况不符，我们需要注意甄别，选择具有可行性的措施。

【用关键词追问】

提问涉及的关键词是“管理费用预算”，那么在追问时，我们就要抓住关键词不断追问。

例如：

“在制定管理费用预算方案时，有哪些关键的因素需要考虑，以确保预算的有效性和可行性？”

“有没有推荐的最佳实践，可以帮助公司在做好管理费用预算方面取得成功？”

“如何建立一个有效的管理费用预算跟踪系统，以便及时识别和纠正预算偏差，并提高费用控制的效率？”

2. 使用明确的指代词

在追问的过程中，用户可以使用明确的指代词，如“这个问题”“这种事情”等，以引导 ChatGPT 关注先前提到的主题或概念。

用户提问

作为采购经理，你在采购的过程中发现供应商与采购专员有利益往来，该怎么办？

用户追问

如何杜绝这种事情的发生？

ChatGPT 回答

为了杜绝供应商与采购专员之间的利益往来和不当行为，公司需要采取一系列预防措施，并建立健全的内部控制机制。下面是一些方法。

1. 制定明确的道德准则和政策

公司应该明确规定员工、采购专员和供应商在采购过程中的行为准则，包括禁止不当的利益往来和行贿行为。这些准则和政策应该包括严格的惩罚措施。

2. 提供培训和教育

公司应该为员工、采购专员和管理层提供培训，使他们了解公司的道德准则、政策和法规，并明白不当行为的后果。

3. 建立举报机制

公司应该建立一个匿名举报机制，员工可以安全地报告不当行为，而不必担心报复。公司应该确保举报者的信息得到保护，并对举报进行认真的调查。

（更多回答已省略。）

（注：以上内容由 ChatGPT 生成，有删节。）

这种使用明确的指代词的方式适用于连续追问，即所追问的问题与上个问题有关，中间没有其他问题的间隔。这种追问方式不仅可以节省重新描述问题的时间，还可以使 ChatGPT 围绕之前的信息进行有针对性的回答。

【用措施追问】

在追问中，你可以直接询问 ChatGPT 应该如何做，如“如何确保公司拥有足够的内部控制措施，以防止供应商与采购专员之间的不当利益往来”“有什么方法可以增强采购过程的透明度，以便更容易检测和预防潜在的冲突和不当行为”。

7.1.2 上下文信息提示：提升 AI 的全局认知能力

用户与 AI 进行交互时，就像人与人之间的交流一样，期望 AI 能够理解自己的问题或需求。但有时 AI 并不能领会人的情感，无法为你提供满意的答案，因此你需要向 AI 提供充足的上下文信息，以提升 AI 的全局认知能力。

用户提问

我在国庆期间想出门旅游，请推荐旅游景点。

ChatGPT 回答

在国庆期间旅游是一个绝佳的选择！中国拥有众多旅游景点，您可以根据自己的兴趣和偏好来选择。以下是一些受欢迎的旅游景点推荐。

北京：中国的首都拥有许多历史和文化遗产，包括故宫、天坛、长城、颐和园等。您还可以品尝到各种美食，如北京炸酱面和北京烤鸭。

上海：上海是中国最现代化的城市之一，有许多摩天大楼、购物中心和国际美食。外滩、东方明珠塔和城隍庙是必游之地。

西安：作为古代丝绸之路的起点，西安拥有丰富的历史和文化遗产，如兵马俑和大雁塔。

桂林：桂林以其美丽的山水风光而闻名，漓江和阳朔是观赏壮丽风景的好地方。

杭州：杭州的西湖被誉为中国最美丽的湖泊之一，您可以在这里租船游湖，参观雷峰塔和六和塔。

成都：成都以川菜和熊猫基地而闻名，您可以品尝到辣味美食并观赏可爱的熊猫。

厦门：厦门是一个美丽的海滨城市，拥有悠闲的氛围和风景如画的环境，鼓浪屿是其中一个著名景点。

张家界：张家界国家森林公园以其奇特的石柱和险峻的山脉而出名，被认为是中国最美的自然景点之一。

青岛：青岛位于海滨，有美丽的沙滩、啤酒博物馆和独特的德式建筑。

这只是中国一小部分旅游景点的示例。请根据您的兴趣、时间和预算来选择合适的目的地，并在国庆期间提前预订住宿和交通，以确保愉快的旅行体验。

（注：以上内容由 ChatGPT 生成，未改动。）

由于用户没有提供充足的上下文信息，只让 ChatGPT 推荐旅游景点，导致 ChatGPT 没有方向，不知道用户的喜好，只能罗列一些知名的城市和景点。

用户追问

个人比较喜欢环境优美、遗迹较多、人流相对偏少、消费水平中等的城市，旅行预算在 3000 元以内。

ChatGPT 回答

如果您喜欢环境优美、有丰富遗迹的，但人流相对较少的城市，并且旅行预算在 3000 元以内，以下是一些旅游景点推荐。

大理，云南省：大理拥有美丽的洱海和苍山，是一个拥有历史遗迹和文化氛围的地方，您可以探索古城大理，参观崇圣寺三塔、双廊古镇等地。

丽江，云南省：丽江也位于云南，是一个具有独特纳西文化的地方，有着美丽的古城和玉龙雪山，以及悠久的历史和丰富的民俗风情。

平遥，山西省：平遥是一个保留了大量古代建筑和文化的古城，您可以在平遥古城内漫步，参观明清时期的建筑和平遥古城墙。

黄山，安徽省：黄山被誉为中国最美的山脉之一，拥有壮观的山峰和美丽的云海。您可以在这里徒步旅行，参观一些古代庙宇和景点，如三清山和石城。

宜昌，湖北省：宜昌位于长江上游，拥有美丽的长江三峡风景，您可以乘船游览长江三峡，参观白帝城和夔门等历史景点。

普陀山，浙江省：普陀山是中国佛教圣地，位于舟山群岛，您可以在这里欣赏海洋景色，参观佛教寺庙和文化景点。

这些目的地都提供了美丽的自然景观和历史遗迹，而且消费水平较为中等。在规划旅程之前，请检查国庆期间的预订和交通情况，并确保您的预算在 3000 元以内。

（注：以上内容由 ChatGPT 生成，未改动。）

上面的追问增加了信息提示，如个人喜好、消费预算等，给 ChatGPT 指明了方向，ChatGPT 因此可以给出更加详细、更符合用户要求的旅游景点。

【用条件追问】

1. 追加多个修饰词

你可以在描述问题时，在关键词前面增加多个修饰词，提供充足的上下文信息来限制 ChatGPT 回答的方向。例如：

“我想买一款性价比高、功能强大、外观时尚的笔记本电脑用于工作和娱乐，你能推荐一些价格在 5000 元以下的吗？”

“我计划举办一个小型婚礼，希望场地风景如画、菜品美味、服务专业，预算在 20000 元以下，你有没有推荐的场地？”

2. 分步追加条件

你可以分步提问，在追问时，根据前面 ChatGPT 的回答，不断追加条件，直到获得满意的答案为止。

7.1.3　与 AI 换位思考：从回答中获得启发再追问

从 AI 的回答中获得启发并进一步追问是一个很好的追问方式，有助于对问题进行深入的探讨，协助用户做出更明智的决定。

用户提问

我正在考虑去云南旅行，你有什么关于云南的旅游建议吗？

ChatGPT 回答

当您考虑去云南旅行时，这里是一些关于云南的旅游建议。

丽江古城：丽江是云南最著名的旅游目的地之一，其古城区被列为世界文化遗产。您可以漫步在古城的石板街道上，探索传统的纳西民俗和文化。不要忘记参观丽江古城的四方街和木府。

大理洱海：大理的洱海是云南最大的高原淡水湖泊，被誉为“高原明珠”。您可以租船游览湖泊，欣赏美丽的风景，也可以参观附近的小镇和村庄。

香格里拉：香格里拉拥有独特的藏文化和风景。您可以参观松赞林寺，探索虎跳峡等自然景点，品尝藏式美食。

普达措国家公园：这个国家公园位于香格里拉附近，拥有高山湖泊和美丽的草原。您可以进行徒步旅行，欣赏高山湖泊和野生动植物。

西双版纳：这个地区位于云南的南部，拥有热带雨林气候，是一个度假和进行生态旅游的好地方。您可以参观热带植物园、傣族园并享受温泉。

在您计划旅行时，请确保检查当地的旅游政策和天气情况，提前预订住宿和交通，以确保您的旅程顺利。云南是一个充满魅力的目的地，希望您在那里度过愉快的时光！

（注：以上内容由 ChatGPT 生成，未改动。）

在提问的过程中，你发现自己对普达措国家公园很感兴趣，想要对公园进行深入了解，要进行追问。

用户追问

普达措国家公园听起来很有趣，你有关于在那里进行徒步旅行的建议吗?

ChatGPT 回答

在普达措国家公园进行徒步旅行可以亲近大自然，欣赏壮观的高山湖泊和美丽的草原。以下是在普达措国家公园进行徒步旅行的一些建议。

选择适合的徒步路线：普达措国家公园有多条不同难度和长度的徒步路线可供选择。您可根据自己的体力和时间，选择适合您的路线。一些受欢迎的路线包括环绕普达措湖的徒步路线和前往附近高山景点的路线。

了解气候和季节：普达措国家公园的气候多变，不同季节的天气条件会有所不同。您在前往之前，要了解当前的气象情况，穿着合适的服装和准备适当的装备，以便在旅行中保持舒适和安全。

尊重自然和环境：请保持公园的干净整洁，不乱扔垃圾，不损坏植被，不伤害野生动物，遵守公园的规定，保护这个美丽的自然景区。

安全第一：如果您不熟悉徒步或高山环境，请考虑雇佣当地的向导。请带上必备的急救工具和紧急联系方式，确保您在旅行中的安全。

合理安排时间：徒步旅行可能需要一些时间，因此请您提前安排好行程，确保您有足够的时间来探索景点并返回营地或入口处。

享受自然美景：普达措国家公园是一个壮观的地方，拥有美丽的湖泊、山脉和草原。在徒步的过程中，请不要忘记停下来欣赏自然美景，拍照留念。

高原反应准备：由于普达措国家公园位于高海拔地区，您可能会出现高原反应的症状，如头痛、恶心和呼吸困难。

请做好高原反应的准备，以便适应高海拔环境。

在普达措国家公园进行徒步旅行将带给您难忘的体验，但请务必做好准备，以确保您的旅程安全和愉快。最重要的是，请享受大自然的美丽和宁静。

（**注：以上内容由 ChatGPT 生成，未改动。**）

在 AI 的回答中发现感兴趣的内容时，你可以单独针对具体的内容进行追问，以获得更加详细的建议。

【用建议追问】

在向 AI 提出自己的需求时，问题可以是建议式的，如“关于××，有什么好的建议”“我要做××，你能提供参考意见吗”，AI 会针对具体的需求，给出建议。

7.2　多文档“投喂”：让 AI 跨学科、跨领域学习

7.2.1　让 ChatGPT 构建知识体系：整合分析多篇文档

如果你将文档上传到 ChatGPT 中，ChatGPT 可以整合分析多个文档，构建知识体系。

你应该对文档进行文本预处理，即去除特殊字符，避免 ChatGPT 无法识别某些文档内容而导致分析结果不准确。

背景：上传了“竞品分析报告”。

文档分析：这份竞品分析报告是对三家医疗企业的调查。报告强调了它们在产品功能、用户数据、产品概述、用户反馈、商业模式等方面的差异和特点。此外，报告还提到了市场分布和年龄分布等方面的数据，以及一些有关商业模式和产品界面的观察。这些信息可以帮助企业了解竞争对手的优势和劣势，为企业改进自身产品和制定战略提供参考。然而，对每家企业的详细市场份额和财务数据的分析会使报告更加全面。

用户提问

在有关产品功能的分析中，哪家企业在哪些方面的表现较为出色？

ChatGPT 回答

报告中提到，关于这三家医疗企业的产品功能分析，各家企业在不同的方面均有出色的表现，具体如下。

1. 甲医疗企业

甲医疗企业在学术社交和医学信息方面表现出色。它为医生提供了一个宽广的平台，医生可以在该平台上分享学术研究，讨论病例，互相交流经验。此外，甲医疗企业还提供用药助手等工具，帮助医生做出药物治疗决策。

2. 乙医疗企业

乙医疗企业在病历管理方面表现出色。它提供了一个便捷的病历管理工具，医生可以使用智能手机快速记录、管理和查找患者的病历资料。此外，乙医疗企业还包括医口袋，提供了临床指南、药典等临床工具。

3. 丙医疗企业

丙医疗企业在医生与患者之间的沟通方面表现出色。它为医生提供了医生端 App 和微信公众号，以便医生与患者进行诊后沟通和预约。这有助于提高医患沟通的便捷性。

需要注意的是，每家企业的产品功能在不同方面有所侧重，选择哪家企业的产品取决于医生的需求和工作场景。如果医生更注重学术交流，甲医疗企业可能是更好的选择；如果医生需要更便捷的病历管理工具，乙医疗企业可能是更好的选择；如果医生需要强调医患沟通，丙医疗企业可能是更好的选择。

（注：以上内容由 ChatGPT 生成，未改动。）

以上回答对比了三家医疗企业的产品功能，但在实际应用的时候，你还是要具体咨询相应的企业。

【问的角度】

一篇“竞品分析报告”包括大量关键内容，你可能不知道从哪个角度提问。根据报告中的信息，用户可以从产品、用户群体、商业模式、收入来源、未来发展等角度进行提问。

1. 产品特点和功能

“你可以详细介绍一下这三家医疗企业的产品特点和功能吗？”

“在有关产品功能的分析中，哪家企业在哪些方面的表现较为出色？”

2. 商业模式和收入来源

“这三家企业的商业模式是怎样的？”

“它们的主要收入来源是什么？”

3. 竞争策略和未来发展

“这些企业的竞争策略有何不同？”

“对于未来发展，它们有哪些战略计划或趋势预测？”

7.2.2　跨领域提问：让 ChatGPT 理解和应用多文档信息

让 ChatGPT 理解和应用多文档信息以回答跨领域问题，是一个复杂的事情，ChatGPT 不仅需要分析各个文档中的内容，还要推理各个文档内容之间的关系，以应对用户的提问。

在提问时，用户首先要明确指出问题是跨领域的；其次要为 ChatGPT 提供关于多个领域的背景信息，帮助 ChatGPT 建立关联；最后向 ChatGPT 提问，如果 ChatGPT 没有理解问题的跨领域性质，用户可以提供更多提示或示例。

背景：上传了气候变化、全球变暖和经济发展的相关文档。

用户追问

气候变化如何影响经济和贸易?

ChatGPT 回答

气候变化对经济和贸易产生了广泛而深远的影响。以下是一些主要的影响因素。

自然灾害和损失。气候变化导致更频繁和更强烈的自然灾害，如飓风、洪水和干旱。这些灾害给农业、基础设施和房地产等领域造成巨大的经济损失。

农业和食品供应。变化的气温和降水模式对农业产生重大影响。干旱、洪水和极端气候事件可能导致农作物减产，这将影响食品供应和价格。食品价格上涨可能会对全球粮食安全和贫困状况产生负面影响。

海平面上升。气候变化导致海平面上升，威胁着沿海城市和港口。这可能导致资产损失和贸易中断，对全球供应链产生不利影响。

能源生产和需求。温室气体排放的控制措施和可再生能源的推广正在改变能源市场。转向清洁能源可能会影响石油、天然气和煤炭等传统能源行业，对国际贸易和全球能源供应产生影响。

法规和政策。许多国家和国际组织正在实施法规和政策，以减少温室气体排放和应对气候变化。这些法规和政策可能导致对特定行业的限制和要求，影响贸易和全球供应链。

投资和绿色经济。随着对可持续和环保技术的需求的增加，绿色经济部门逐渐崭露头角。这为新的商机和全球投资提供了机会，也在贸易中发挥了作用。

风险管理和保险业。与气候有关的风险管理和保险业务正在增长，以应对气候变化引发的不确定性。这可能对金融市场产生影响，特别是在面临气候风险的地区。

总之，气候变化对经济和贸易产生了多方面的影响，从自然灾害和资源供应到法规和市场机会。企业、政府和国际组织都在努力应对这些挑战，并努力在应对气候变化的同时促进可持续的经济增长。

（注：以上内容由 ChatGPT 生成，未改动。）

气候变化与经济发展是不同的领域，用户将两个领域整合在一起进行分析，ChatGPT 需要从多个文档中获取关键内容，并在短时间内分析大量信息，提供即时响应，以便更好地理解气候变化和经济发展之间的关系。

但是 ChatGPT 只是一个通用的自然语言处理模型，如果没有特定领域的专业知识，它的分析存在不准确或缺乏深度的情况，只能为分析“添砖加瓦”，不能作为权威的分析结果。

【问的技巧】

（1）引入背景信息。在不同领域或专业知识之间进行提问，用户需要提供足够多的背景信息，才能帮助 ChatGPT 更好地理解问题。

（2）引导对话。如果 ChatGPT 的回答需要更多信息，用户可以通过引导对话来进一步交流。

7.2.3 让 ChatGPT 深度思考：应对多文档分析与综合

让 ChatGPT 深度思考，需要结合多种技术和方法，同时还要不断优化和改进 ChatGPT 的功能。

1. 收集多源数据

用户要持续向 ChatGPT 提供数据，向 ChatGPT 上传更多文档，文档的内容要涵盖不同的角度和观点，以便 ChatGPT 更全面地了解主题或问题。

2. 关键词提取

用户可以从每个文档中提取关键词或短语，以帮助 ChatGPT 快速识别文档的关键概念和信息，这些关键词或短语可以成为 ChatGPT 深度思考和综合的起点。

3. 多角度提问

用户可以向 ChatGPT 提出不同角度的问题，促使 ChatGPT 更全面地思考和分析文档，不同类型的问题可以引导 ChatGPT 关注不同方面的信息。

背景：上传了三个关于气候变化的文档。三个文档主要是关于气候变暖的原因、影响、应对措施和国际协议等方面的内容。

用户提问

问题 1：为什么地球的温度会上升？有哪些主要的气候变暖原因？

问题 2：气候变化对人类社会和生态系统有什么潜在影响？

问题 3：有哪些有效的气候变暖应对措施，政府和个人可以采取什么行动？

问题 4：国际社会已经采取了哪些措施来应对气候变化？国际气候协议的作用是什么？

ChatGPT 回答

问题 1：地球的温度上升主要是由以下原因引起的。

温室气体排放：人类活动，如化石燃料的燃烧和森林砍伐，导致大量二氧化碳、甲烷和氟利昂等温室气体排放到大气中，增加了大气温室效应。

森林砍伐：砍伐森林导致了生态系统的破坏，减少了植被吸收二氧化碳的能力。

工业和交通排放：工业过程和交通运输也排放了大量温室气体，加剧了气候变暖。

土地利用变化：城市化和土地农业的变化导致土地表面的特性发生变化，影响了气候。

问题 2：气候变化可能导致以下潜在影响。

极端气候事件：气候变化导致更频繁和更强烈的极端气候事件，如飓风、洪水和干旱，对人们的生活和财产构成威胁。

海平面上升：温度上升导致冰川融化和海水膨胀，使海平面上升，威胁沿海地区。

食品安全：气候变化影响农业产量，可能导致食品供应不足。

生态系统破坏：气候变化对生态系统造成压力，导致物种灭绝和生态平衡被破坏。

问题 3：应对气候变暖的有效措施包括以下内容。

减少温室气体排放：采用清洁能源、提高能源效率和减少交通排放。

保护森林：减少森林砍伐，通过森林保护来吸收更多的二氧化碳。

提倡可持续农业：采用可持续的农业实践，减少农业排放。

支持可再生能源：投资和采用太阳能、风能等可再生能源。

推动国际合作：政府可以参与国际气候协议，制定共同的减排目标。

问题 4：国际社会已经采取了一系列措施来应对气候变化，其中包括以下内容。

《巴黎协定》：各国签署了《巴黎协定》，承诺采取行动限制全球变暖幅度，通过国家减排目标来减少温室气体排放。

绿色气候基金：国际社会设立了绿色气候基金，用于支持发展中国家应对气候变化的项目。

国际能源政策：国际组织和国家采取政策措施，鼓励使用可再生能源和提高能源利用效率。

国际气候协议的作用是促使各国采取集体行动，共同努力应对气候变化，以减少温室气体排放，降低全球变暖风险，保护全球生态系统。这些问题和回答提供了多角度的洞察，有助于用户更深入地理解气候变化问题。

（注：以上内容由 ChatGPT 生成，未改动。）

用户从原因、影响、措施等多角度对 ChatGPT 进行提问，鼓励 ChatGPT 深入思考每个问题的复杂性，以便 ChatGPT 提供更深入和详细的回答。

【问的思路】

（1）从数据上问，用户可以针对文档中出现的数据进行提问。例如，“从 2000 年至今全球平均气温升高了多少摄氏度”“哪一年被记录为最热的年份，相对于历史平均气温升高了多少摄氏度”“从 2000 年至今全球发生了多少次严重的极端天气事件”。

（2）从结果上问，用户可以针对文档中全球变暖的结果询问措施。例如，“针对全球变暖，政府可以采取哪些措施来减少温室气体的排放”“怎么推广可再生能源的使用”。

第8章

聚类分类追问：让ChatGPT「分门别类」处理

8.1　聚类提示性追问

8.1.1　提示聚类规则：让 ChatGPT“合并同类项”

ChatGPT 可以通过分析和处理大量的文本信息，识别出其中的相关主题、关键词和上下文关系，从而将相似的信息进行聚类。在海量信息中找到关联和聚类，能够为用户节省大量时间和精力。

对于企业而言，这种聚类能够帮助其迅速获取和整理相关信息，帮助决策者做出更明智的决策。对于个人用户而言，这种聚类可以帮助用户更高效地获取所需信息，节省搜索和筛选的时间。

假设你是一个经济学专业的大学生，为了完成作业需要一些特定领域的资料，但四处搜集它们十分耗费你的时间，你该如何向 ChatGPT 提问来让它帮你聚类目标内容呢？

用户提问

> 请帮我整理黄金市场历史上的重要价格变动事件，并简单介绍一下。我需要这些信息来完成我的经济学作业。

ChatGPT 回答

> 黄金市场历史上发生过许多重要的价格变动事件，以下是其中一些重要的事件和简要介绍。

（1）金本位制的崩溃（1971 年）：1971 年，美国总统理查德·尼克松（Richard Nixon）宣布将美元与黄金的固定汇率取消，结束了金本位制。这一事件导致了黄金价格的大幅上涨，奠定了现代黄金市场的基础。

（2）金价猛涨（20 世纪 70 年代）：在金本位制结束后，从 20 世纪 70 年代中期到 80 年代初期，黄金价格迅速上涨，达到历史高点。这一上涨部分是由于通货膨胀和地缘政治不稳定引发的投资需求。

（3）黑色星期一（1987 年）：1987 年 10 月 19 日，全球股市崩溃，这一天被称为“黑色星期一”。在这个事件中，黄金价格出现了短期波动，但很快恢复了稳定。

（4）金价低谷（1999 年）：1999 年，黄金价格达到近 20 年来的最低点，一度跌破每盎司 250 美元。在这一时期，与黄金相比，投资者对其他资产类别表现出更大的兴趣。

（5）金融危机（2008 年）：2008 年全球金融危机爆发时，投资者纷纷涌入黄金市场，寻求避险资产。这导致了黄金价格的上涨，突破了每盎司 1000 美元的关键关口。

（6）黄金价格的上升（2010—2019 年）：在 2010—2019 年，黄金价格再次上升，这主要是由于全球经济不稳定、货币政策和地缘政治的紧张局势引发的避险需求。

（7）COVID-19 大流行（2020 年）：2020 年初，COVID-19 大流行暴发，导致全球经济崩溃和市场动荡。投资者再次涌入黄金市场，将黄金价格推至历史新高。

（8）**黄金价格波动**（2021 年以后）：2021 年以后，黄金价格经历了一些波动，受到通胀担忧、美联储政策、全球贸易局势等因素的影响。

这些事件代表了黄金市场历史上的一些关键价格变动，反映了市场对经济和地缘政治情况的不同反应。黄金一直被视为一种避险资产，其价格通常会受到全球经济和政治事件的影响。请注意，黄金市场是复杂的，价格变动可能受到多种因素的交织影响。

（注：以上内容由 ChatGPT 生成，未改动。）

ChatGPT 所整理的黄金价格重要变动事件确实将符合提问的内容整合聚集到了一起，但是它没有按照合理的规则整理，只是简单地把黄金价格上涨和下跌的内容放在一起，还有进步的空间。

【用建议追问】

为了帮助 ChatGPT 更好地把方向相同的黄金价格重要变动事件“合并同类”，我们可以直接给它提建议，把我们的要求以建议的方式输出给它，帮助它更好地理解问题。

用户追问

也许按照价格上涨和价格下跌分别归类介绍会更直观一

些，你觉得呢？

ChatGPT 回答

当然，按照价格上涨和价格下跌分别归类介绍黄金市场的历史事件会更加直观，也会让您更清楚地了解这些事件对黄金价格的影响。下面是根据这种分类方式所梳理的内容。

价格上涨事件

（1）**金本位制的崩溃**（1971 年）：美国尼克松总统宣布取消美元与黄金的固定汇率，导致黄金价格迅速上涨，结束了金本位制。

（2）**金价猛涨**（20 世纪 70 年代）：从 20 世纪 70 年代中期到 80 年代初期，黄金价格快速上升，达到历史高点，部分原因是通货膨胀和地缘政治不稳定。

（3）**金融危机**（2008 年）：全球金融危机爆发，投资者寻求避险，导致黄金价格上涨，突破每盎司 1000 美元的关键关口。

（4）**COVID-19 大流行**（2020 年）：COVID-19 大流行导致全球经济动荡，投资者再次涌入黄金市场，将黄金价格推至历史新高。

价格下跌事件

（1）**金价低谷**（1999 年）：1999 年，黄金价格跌至近

20 年来的最低点，在这一时期，与黄金相比，投资者更偏好其他资产类别。

（2）黄金价格波动（2021 年以后）：2021 年以后，黄金价格经历波动，受到通胀担忧、美联储政策和全球贸易局势等因素的影响。

这种分类方式可以帮助您更清晰地了解黄金市场的历史趋势，以及在不同经济和地缘政治情况下，黄金的价格是如何上涨或下跌的。请注意，黄金市场是复杂的，价格受到多种因素的影响，因此价格波动的原因通常是多重的。

（注：以上内容由 ChatGPT 生成，未改动。）

8.1.2　控制引导提示：让 ChatGPT 生成聚类规则

ChatGPT 可以与用户交互，帮助用户分析聚类结果并提供新的规则想法。用户可以向 ChatGPT 提供聚类结果，然后与 ChatGPT 进一步讨论、探索和分析这些结果，以持续改进聚类规则。

ChatGPT 可以对不同的聚类规则进行解释和描述，帮助用户理解每种规则的优缺点。它可以根据用户的需求和数据特点提供建议，帮助用户选择适合的规则。

用户提问

我是一家计算机公司的市场总监，现在笔记本电脑市场的消费者群体发生了一些变化，请你帮我把相似的消费者群体分组，并告诉我你的聚类规则。

ChatGPT 回答

当对相似的消费者群体进行分组时，可以采用聚类分析的方法。以下是一种常见的聚类规则，可帮助您对消费者群体进行分组。

（1）**数据收集**：收集与消费者相关的数据，包括但不限于购买行为、产品偏好、年龄、性别、地理位置、收入水平等信息。

（2）**特征选择**：根据问题和数据的特点，选择适合的特征。常见的特征可以包括购买历史（如购买频率、购买金额）、产品偏好（如品牌、功能要求）和地理位置等。

（3）**数据预处理**：对数据进行清洗、缺失值处理和标准化等预处理，以确保数据的质量和一致性。

（4）**聚类算法选择**：选择适合的聚类算法来进行分组。常见的聚类算法有 K 均值聚类、层次聚类、DBSCAN 聚类等。

（5）**确定聚类数目**：使用合适的方法（如肘部法则、轮廓系数等）确定最优的聚类数目，即将消费者群体划分成几个较为稳定和有区分度的子群。

（6）**进行聚类分析**：根据选择的聚类算法和聚类数目，对数据进行聚类分析，将每个消费者分配给对应的聚类簇，并生成聚类结果。

（7）**分析和解释结果**：针对得到的聚类结果，分析每个聚类簇的特征和行为，了解每个子群体的特点，如购买偏好、需求、行为模式等。

（8）**制定市场策略**：根据分析结果，制定相应的市场策略，针对不同的消费者群体，开展有针对性的产品定位、促销活动、营销策略等，以满足消费者需求并提高市场份额。

您需要根据实际情况和数据特点进行调整和优化。聚类规则是一个灵活的过程，您可以根据具体的问题和业务需求进行适当的修改。另外，您需要结合市场调研和专业知识对聚类结果进行综合判断和决策。

（注：以上内容由 ChatGPT 生成，未改动。）

很明显，ChatGPT 给出的答案与我们理想的答案是有出入的，它讲述的是聚类分析的过程，但没有生成对消费者进行分组的聚类规则。

【用条件追问】

如果想让 ChatGPT 生成具体的对消费者进行分组的聚类规则，

我们可以设置具体的内容生成条件，然后再向它追问。

用户追问

请给我一些具体的聚类规则。

ChatGPT 回答

当进行消费者群体的聚类分析时，以下是一些常见的具体聚类规则，可用于划分相似的消费者群体。

（1）**购买行为**：根据购买历史、购买频率、购买金额等因素将消费者分为高消费者、低消费者或潜在消费者群体。

（2）**产品偏好**：根据消费者在产品特性、品牌偏好、功能要求等方面的不同划分消费者群体。例如，您可将注重性能的消费者与注重外观设计的消费者进行区分。

（3）**地理位置**：基于地理位置信息将消费者划分为不同区域或城市的群体，以便更有针对性地制定地方市场策略。

（4）**年龄和性别**：根据消费者的年龄段和性别将其分为不同的群体。例如，您可针对青少年、年轻人和老年人推出不同的产品系列。

（5）**偏好特征**：根据消费者对特定属性或特征的产品的偏好进行分组。例如，您可将偏好健康、绿色环保产品的消费者与其他消费者进行区分。

（6）生活方式：根据消费者的生活方式、兴趣爱好、价值观等因素进行分组。例如，您可将旅行爱好者与宅家族进行区分，以针对不同消费者制定相应的推广活动。

（7）渠道偏好：根据消费者对购物渠道（线上、线下）的偏好进行分组。例如，您可将线上购物者和线下实体店购物者分为不同的群体。

（8）用户行为：根据浏览行为、搜索习惯、互动活跃度等信息将消费者分为活跃用户、潜在用户或忠实用户群体。

这些聚类规则只是一些常见的方法，您可以根据具体的业务需求和数据特征进行调整和自定义。您还可以结合其他属性和指标，根据实际情况进行多维度的分析。您需要根据实际问题和数据灵活选择和调整聚类规则，以提取出有意义且可操作的市场细分结果。

（注：以上内容由 ChatGPT 生成，未改动。）

8.2　分类提示性追问

8.2.1　给出分类提示：让 ChatGPT 寻找关键要素

ChatGPT 可以帮助企业或个人根据需求和关键词筛选相关信息，并进行查询和检索。这可以帮助企业或个人快速定位关键内容，节省时间和精力。

ChatGPT 在帮助用户寻找关键内容方面可以发挥重要作用，可以提高信息的检索和处理效率，帮助用户更好地决策和解决问题。

现在，如果你是某手机品牌的客服经理，你想要在成千上万条消费者评论中快速筛选出一些重要信息，你该如何让 ChatGPT 帮你完成这个任务？

用户提问

（1）“我刚买了这款手机，它的续航能力真的让我大吃一惊。即使在使用大量耗电的应用时，它也能保持一整天不用充电。我强烈推荐它！”

（2）“这款手机的外观设计精美，手感舒适，性能强劲。用它拍摄的照片清晰度非常高，用它玩游戏也很流畅。它绝对值得大家购买！”

（3）“我买了这款手机，它的音质简直好得无法形容。手机的低音效果棒极了，我就像在现场听演唱会一样。我爱死它了！”

……

以上是某款手机在电商平台获得的消费者评论，请你将其中与“外观设计”这一标签有关的评论筛选出来。

ChatGPT 回答

以下是与“外观设计”这一标签有关的评论。

（1）“这款手机的外观设计精美，手感舒适，性能强劲。用它拍摄的照片清晰度非常高，用它玩游戏也很流畅。它绝对值得大家购买！”

（2）“这款手机让我印象深刻。它的屏幕显示效果出色，而且非常耐摔。我已经摔了好几次了，但屏幕完全没有裂痕。”

（3）“我买了这款手机，它的设计风格简洁大方。无论男女老少，拿在手上都非常合适。我给它打满分！”

……

（注：以上内容由 ChatGPT 生成，有删节。）

我们可以发现，ChatGPT 轻而易举地就把与“外观设计”这一标签有关的消费者评论筛选出来了，但它应该还能做更多事。例如，一个客服经理希望 ChatGPT 可以直接筛选出与消费者抱怨、反馈、建议等有关的重要评论，进而提高自己的工作效率。

【用条件追问】

为了让 ChatGPT 能够顺利地找到我们需要的关键信息或内容，我们应当设置一些条件来帮助它确定分类规则，明确筛选原则。

用户追问

我是这个手机品牌的客服经理，我需要这些消费者评论中的重要内容，如消费者反馈的问题、消费者提出的建议等，请帮我分类筛选出来。

ChatGPT 回答

当筛选消费者评论中的重要内容，特别是与问题和建议有关的部分时，以下是其中一些评论的分类。

消费者反馈的问题

（1）“这款手机的电池寿命让我感到失望。尽管一天一充是大多数手机用户的常态，但这款手机的电池质量在短短几个月内就明显下降，需要频繁充电。”

（2）“这款手机的摄像头拍照效果并不理想。照片颜色失真严重，细节表现也较差。而且，即使在良好的光线下，照片也难以避免噪点问题。”

（3）“这款手机的性能并没有达到预期。在使用过程中，它经常出现卡顿和延迟现象，尤其是在运行多个应用或玩大型游戏时。”

……

消费者提出的建议

（1）“我买了这款手机，它的设计风格简洁大方。无论男女老少，拿在手上都非常合适。我给它打满分！”（建议继续保持外观设计上的吸引力。）

（2）“我用过很多手机，但这款是我最喜欢的。它的设计非常创新，摄像头部分的设计真的很酷！”（建议继续在设计上保持创新。）

（3）“这款手机的外观设计精美，手感舒适，性能强劲。用它拍摄的照片清晰度非常高，用它玩游戏也很流畅。它绝对值得大家购买！”（建议保持外观设计与性能的平衡。）

……

请根据这些问题和建议，考虑改进产品的电池寿命、摄像头性能、手机性能表现等，以及继续保持外观设计和屏幕技术的优势。这将有助于提高产品的质量和客户满意度。

（注：以上内容由 ChatGPT 生成，有删节。）

8.2.2　生成分类提示：引导 ChatGPT 分类的思路

通过与 ChatGPT 进行交互，企业或个人可以提供待分类的内容，ChatGPT 将会尝试理解问题并根据一定的归类逻辑进行分类，然后打出规则标签。

ChatGPT 分类的准确性与输入内容的质量密切相关，提供更多、更准确的样本有助于提高 AI 模型的分类能力。

我们依然假设你是某手机品牌的客服经理，现在你需要分析成千上万条消费者评论，并且按照某些规则进行整理，你又该如何让 ChatGPT 帮你完成这个任务？

用户提问

（1）“我买了这款手机，它的拍照功能让我非常满意。无论是微距还是广角，它都能拍出非常专业的照片。而且，夜间拍摄功能也非常棒！”

（2）“我买了这款手机，它的运行速度让我惊艳。无论是多任务处理还是大型游戏，它都能轻松应对。它是我用过的最好的手机！”

（3）“这款手机让我印象深刻。它的屏幕显示效果出色，而且非常耐摔。我已经摔了好几次了，但屏幕完全没有裂痕。”

……

以上是某款手机在电商平台获得的消费者评论，请你将这些评论进行分类，并向我展示你的分类规则。

ChatGPT 回答

根据这些消费者评论，我可以将它们分为以下两类。

积极评论

（1）“我刚买了这款手机，它的续航能力真的让我大吃一惊。即使在使用大量耗电的应用时，它也能保持一整天不用充电。我强烈推荐它！”

……

消极评论

（1）“这款手机的电池寿命让我感到失望。尽管一天一充是大多数手机用户的常态，但这款手机的电池质量在短短几个月内就明显下降，需要频繁充电。”

……

这些分类是根据评论中的主要观点和情感来划分的。积极评论强调手机的各种优点，消极评论则指出了手机存在的问题和不足之处。

（注：以上内容由 ChatGPT 生成，有删节。）

ChatGPT 通过简单的“积极评论”和“消极评论”思路对消费者评论进行分类，这是一种可行的分类思路。但用户对数据的真实分析需求往往更复杂，ChatGPT 的分类思路需要更细化。

【用建议追问】

我们可以通过建议的方式来引导 ChatGPT 按照我们想要的思路对消费者评论进行分类，进而实现文本资料的有效分析和整理。

用户追问

我觉得按照性能功耗、电池续航、拍照功能、音质体验、设计风格和系统体验的分类思路来分类会更加细致，是这样吗？

ChatGPT 回答

您提出的分类思路更加细致，可以更具体地分析手机的不同方面。根据性能功耗、电池续航、拍照功能、音质体验、设计风格和系统体验来对消费者评论进行分类是一种更详细的方式，可以提供更多的有关手机不同特征的信息。下面是按照这种分类思路对消费者评论进行的重新分组。

性能功耗

（1）“我买了这款手机，它的运行速度让我惊艳。无论是多任务处理还是大型游戏，它都能轻松应对。它是我用过的最好的手机！”

……

电池续航

（1）“我刚买了这款手机，它的续航能力真的让我大吃一惊。即使在使用大量耗电的应用时，它也能保持一整天不用充电。我强烈推荐它！”

……

拍照功能

（1）“这款手机的外观设计精美，手感舒适，性能强劲。用它拍摄的照片清晰度非常高，用它玩游戏也很流畅。它绝对值得大家购买！”

……

音质体验

（1）“我买了这款手机，它的音质简直好得无法形容。手机的低音效果棒极了，我就像在现场听演唱会一样。我爱死它了！”

……

设计风格

（1）“这款手机让我印象深刻。它的屏幕显示效果出色，而且非常耐摔。我已经摔了好几次了，但屏幕完全没有裂痕。”

……

系统体验

（1）“我对这款手机的软件体验非常满意。手机系统运行流畅，没有任何卡顿现象。而且，预装的软件也都很实用。”

……

这种分类方式确实更加细致，能够让人们更容易了解评论中有关手机不同方面的信息，以帮助潜在消费者更全面地考虑他们关心的手机特性。

（注：以上内容由 ChatGPT 生成，有删节。）

8.3 “投喂”样本示例追问

8.3.1 给出样本示例：让 ChatGPT“照猫画虎”

通过提供合适的样本示例输入，我们可以引导 ChatGPT 生成符合特定要求的回答。

例如，如果我们想让 ChatGPT 模仿某个特定人物或角色的语言风格，可以向它展示该人物或角色的对话片段或文章，并要求其以该人物的语言风格进行回答。

这种方式可以应用于多个场景，包括教育培训、语言学习和创作辅助等。通过模仿样本示例，ChatGPT 可以学习不同的表达方式、不同领域的专业术语和不同的文化背景知识，从而更好地满足用户的需求。

用户提问

静夜思

（李白）

床前明月光，疑是地上霜。

举头望明月，低头思故乡。

假设你是中国唐代的一个诗人，请你模仿李白的这首《静夜思》来写一首相似的诗。

ChatGPT 回答

幽夜愁思

庭前孤灯影，疑是秋风哀。

抬首望星斗，低头怀故园。

寂寞夜深思，情怀浓似酒。

不同于李白《静夜思》的清丽风格，这首诗以孤灯和秋风为意象，表达了深夜里的愁思之情，也融入了对故园的思念之情，表现出唐代诗人常见的离愁别绪。

（注：以上内容由 ChatGPT 生成，未改动。）

从严格意义上说，ChatGPT 生成的这首诗并不符合我们的要求。第一，它生成的内容并不是五言绝句；第二，它所表达的感情也不是单纯的思乡之情。

【用否定追问】

为了让 ChatGPT 进一步生成我们想要的内容，我们可以直接否定它生成的内容，指出它的问题所在，帮助它理解自己的错误。

用户追问

这不是一首五言绝句诗哦，而且这首诗表达的也不是单纯的思乡之情，请你再写一首符合要求的诗。

ChatGPT 回答

> 寂夜思乡
>
> 床前明月照，疑似银河光。
>
> 仰头望清景，低眉思故乡。
>
> 家山在何处？心随梦路长。
>
> （注：以上内容由 ChatGPT 生成，未改动。）

这仍然不是一首合格的五言绝句诗，ChatGPT 生成的这首诗仍然不符合提问要求。即使我们在追问中已经明确告诉了它“这不是一首五言绝句诗哦”，它仍然犯了关键的错误。

【用错误追问】

在第一次追问时，我们已经告诉了 ChatGPT 问题所在，可是它没有理解这个关键点。此时我们可以换一种思路，把它犯的错误放到问题里向它提问，直接让它解答错误。

用户追问

> 你知道一首五言绝句诗应该有几句吗？

ChatGPT 回答

> 五言绝句诗是由四句诗组成的诗歌形式，每句有五个

字。感谢指正，以下是一首符合要求的五言绝句诗。

寂夜思乡

床前明月照，疑似银河光。

仰头望清景，低眉思故乡。

（注：以上内容由 ChatGPT 生成，未改动。）

8.3.2　引导 ChatGPT 生成示例：让它给自己打个样

当引导 ChatGPT 生成文本内容时，为了让它更好地理解你的需求，你应该向它提供一些必要的信息或内容。

主题或标题：告诉 ChatGPT 你需要的文本的主题或标题是什么，帮助 ChatGPT 明确写作方向。

目标受众：表明文本的受众群体，帮助 ChatGPT 选择适当的语言和措辞。

格式或文体：明确告知 ChatGPT 文本的特定格式或文体要求（如散文、诗歌、简报），帮助它调整写作风格。

关键信息：提供你希望文本包含的关键信息、观点或事实，帮助 ChatGPT 给出更准确的内容。

指导性要求：明确告知 ChatGPT 文本所包含的任何特定要求或指导，如字数限制、特定的关键词使用等。

用户提问

你是某环保组织的领导人，现在你需要进行一次公开演讲，演讲的主题是拒绝海洋污染，你希望人们能够联合起来反对某些污染企业向海洋排放污水，现在请你给自己写一篇发言稿。

ChatGPT 回答

尊敬的各位市民、媒体代表和各位来宾：

首先，我要感谢大家今天出席这个非常重要的活动，以共同探讨一个关系到我们共同未来的主题：拒绝海洋污染。

我们都知道，地球上 70% 以上的表面是由海洋覆盖的。海洋是我们生态系统中不可或缺的一部分，它不仅提供了各种珍贵的资源，还帮助维持地球气候的平衡。然而，现在我们面临的问题是，海洋正受到严重的污染威胁。

海洋污染的主要来源之一是工业和农业排放，特别是那些向海洋排放有害废物的企业。这些废物包括化学物质、塑料、重金属等，它们破坏了海洋生态系统，威胁到海洋生物的生存，对我们人类的健康也构成了巨大威胁。

我们必须行动起来，采取积极的措施来拒绝海洋污染。这不仅仅是政府的责任，更是每个人的责任。我们需要联合起来发声，要求那些污染企业采取更加环保的措施，减少对海洋的伤害。我们也可以从自身做起，减少使用塑料，妥善处理废弃物，以保护我们宝贵的海洋资源。

其次，教育也是拒绝海洋污染的关键。我们需要加强对公众的环保教育，让更多的人了解海洋污染的危害，以及他们可以采取的行动。只有当每个人都认识到这个问题的紧迫性，我们才能取得真正的进展。

最后，我要呼吁政府、企业和公民一起努力，共同制定更严格的法律法规，以确保那些违规排放废物的企业受到应有的惩罚。我们必须坚决维护海洋的健康，因为这不仅与我们今天的生活有关，更与我们子孙后代的未来息息相关。

让我们共同行动起来，拒绝海洋污染，保护我们共同的家园。谢谢大家。

（注：以上内容由 ChatGPT 生成，未改动。）

ChatGPT 生成的这篇发言稿在提出问题和强调个人责任方面表现出色，但在情感的共鸣性上有所欠缺。

【用建议追问】

根据自己的实际需要，向 ChatGPT 直接提建议，帮助它理解自己所生成内容的优缺点，使它进一步满足提问者的要求。

用户追问

这篇发言稿很不错，但是在情感的激发上有所欠缺，我建议你在此基础上进行润色，增强这篇发言稿的情感共鸣。

ChatGPT 回答

尊敬的各位市民、媒体代表和各位来宾：

今天站在这里，我的内心充满了对美丽的海洋的热爱和对它受到的伤害的深深担忧。我相信，我们每个人的心中都有一个梦想：让我们的地球更美好、更健康、更繁荣。但这个梦想，正因为海洋污染而遭受威胁。

请想象一下，在这一刻，有无数的生物，从微小的浮游生物到硕大的鲸鱼，正被无情的污染所淹没。请想象一下，那些不断积聚的废弃塑料袋，正在无情地勒索着我们的海洋生态系统。我们的海洋是如此的宝贵，但它正遭受着无形的侵袭。

但是，我们不应该只是默默地看着这一切发生。我们有责任，也有能力，站出来，保卫我们的海洋。我们可以联合起来，要求那些企业，那些污染源，停止对海洋的破坏。我们可以改变生活方式，减少使用塑料，妥善处理废物。我们可以教育下一代，让他们明白海洋对人类生存的重要性，让他们成为地球的守护者。

让我们以坚定的信念和无限的热情，传递一个信息：我们拒绝看着海洋受到破坏。我们要求改变，我们要求行动，因为我们的未来与海洋紧密相连。

让我们共同努力，拒绝海洋污染，保护我们共同的家园，为我们的子孙后代创造一个更加美好的未来。谢谢大家！

（注：以上内容由 ChatGPT 生成，未改动。）

8.4　关键词提示性追问

8.4.1　关键词排列顺序与权重对 AI 回答的影响

关键词排列顺序与权重对 ChatGPT 的回答会产生重要影响。当你提供多个关键词时，它们的顺序可以影响 ChatGPT 理解和回答的重点。如果关键词的顺序与问题的逻辑一致，ChatGPT 更有可能理解你的意图并给出准确的回答。

另外，关键词的权重也非常重要。如果某个关键词被赋予较高的权重，ChatGPT 将更注重解释和回答与该关键词有关的内容。相反，如果某个关键词的权重较低，ChatGPT 可能会在回答中忽略或简单提及该关键词。

用户提问

假设你是某企业的市场研究专员，你刚刚完成了一个中等城市的市场调研，现在你需要写一个报告来详细介绍市场需求、市场潜力、目标消费群体、竞争对手等内容，你会怎么写？

ChatGPT回答

市场调研报告：中等城市市场分析

引言

市场调研是为了更好地了解市场情况，是制定有效的市场战略和决策的重要步骤。本报告旨在详细介绍对中等城市市场的调研结果，包括市场需求分析、市场潜力分析、目标消费群体分析和竞争对手分析等，以协助企业制定合适的市场战略。

一、市场需求分析

（1）**产品需求**：市场调研显示，中等城市的居民对于高质量、实用性强的产品有着持续稳定的需求，特别是对家庭用品、消费电子、食品饮料和健康保健产品等的需求较为显著。

（2）**服务需求**：中等城市的居民对便捷、高效的服务也有较高的需求。例如，便民服务、快递配送、医疗保健和教育培训等领域存在增长潜力。

二、市场潜力分析

（1）市场规模：中等城市的市场规模相对较小，但随着城市化进程的推进，中等城市的市场规模会逐渐扩大，未来几年将保持增长趋势。

（2）消费者购买力：中等城市的居民收入水平普遍较低，但呈现稳定增长的趋势。因此，居民对产品和服务的价格敏感性较高，企业的产品和服务需要适应中等收入群体的消费能力。

三、目标消费群体分析

（1）年龄和性别：中等城市的目标消费群体主要集中在 25 ~ 45 岁的成年人，男女比例相对均衡。

（2）家庭状况：有子女的家庭占多数，因此，家庭用品和儿童相关产品的市场需求较高。

（3）教育水平：消费者的教育水平普遍较低，但越来越多的人正在接受高等教育，因此具有一定的知识和文化水平。

（4）消费行为：中等城市的消费者更注重产品的性价比，偏好购买能够满足日常需求的产品和服务。

四、竞争对手分析

（1）主要竞争对手：市场上已经存在一些主要竞争对手提供类似的产品和服务。这些竞争对手包括本地企业和跨国公司。

（2）竞争策略：竞争对手主要通过价格竞争、产品创新和市场营销来争夺市场份额。企业需要制定差异化战略，以满足目标消费群体的需求。

五、市场推荐和建议

基于以上市场调研结果，以下是一些市场推荐和建议。

（1）产品和服务定位：根据目标消费群体的需求，开发适用于中等城市的高性价比产品和便捷服务。

（2）价格策略：制定灵活的价格策略，考虑到中等收入群体的购买力，同时提供不同价格档次的产品和服务。

（3）市场营销：建议采用定向广告、社交媒体宣传和线下活动等多种渠道进行市场推广，以增加品牌知名度。

（4）竞争策略：制定差异化战略，强调产品和服务的特点，以便与竞争对手区分开来。

（5）市场监测：定期进行市场调研，以跟踪市场变化和消费者需求的演变，及时调整战略。

结论

中等城市市场具有一定的潜力和机会，但也面临着激烈的竞争。通过深入了解市场需求、目标消费群体和竞争对手，企业可以更好地制定市场战略，实现可持续增长。市场调研是这一过程中的关键步骤，企业应该持续进行以保持竞争力。

（注：以上内容由 ChatGPT 生成，未改动。）

为了了解清楚关键词排列顺序与权重的变化对 ChatGPT 回答的影响，下面我们将按照一定条件去调整追问内容。

【用条件追问】

现在，我们按照本节确定的条件去调整问题中关键词的排列顺序，尽量降低“市场”一词出现的次数，降低它在提问中的权重。

用户追问

假设你是某企业的研究专员，你刚刚完成了一个中等城市市场的调研，现在你需要写一个报告来详细介绍竞争对手、目标消费群体、市场需求和市场潜力等内容，你会怎么写？

ChatGPT 回答

尊敬的领导，各位同事：

我作为企业的研究专员，近期完成了一项关于中等城市市场的调研工作。我将在下文中详细介绍我们所了解到的有关竞争对手、目标消费群体、市场需求和市场潜力等关键内容，以便为企业的战略决策提供有力的依据。

竞争对手分析

在中等城市市场，我们发现以下竞争对手对我们的业务构成了竞争威胁。

（1）公司 A：公司 A 是市场领导者，提供多种产品和服务，拥有广泛的客户基础和高度认可的品牌。它占据了市场的主要份额。

（2）公司 B：公司 B 是一家新兴的竞争对手，专注于创新和技术。虽然它所占据的市场份额相对较小，但在创新方面有一定优势。

（3）公司 C：公司 C 是一家本地性企业，它在中等城市市场具有坚实的客户基础，通过个性化服务和本地知识获得竞争优势。

（4）公司 D：公司 D 是一家国际性企业，虽然所占据的整体市场份额较小，但在进口产品领域有一定的市场份额。

目标消费群体分析

通过市场调研，我们识别出以下目标消费群体，他们对我们的产品和服务具有潜在兴趣。

（1）年轻专业人士：中等城市有大量年轻的专业人士，他们具有较高的购买力和消费倾向，喜欢时尚、便利和创新的产品。

（2）家庭主妇：家庭主妇是一个重要的消费群体，她们关注家庭生活的各个方面，包括家居产品、食品和儿童用品。

（3）本地企业：中等城市有许多小型和中型企业，它们可能需要我们的服务，如提供 IT 解决方案、供应链管理等。

市场需求分析

市场需求的分析表明，中等城市市场存在以下主要需求。

（1）数字化解决方案：许多中等城市的企业和个人正在寻求数字化解决方案，以提高效率和竞争力。

（2）环保和可持续性产品：中等城市对于环保和可持续性产品的需求正在增加，消费者对环保意识的提高也促使他们寻找这类产品。

（3）本地化服务：中等城市的消费者更倾向于与本地企业合作，因此提供本地化服务和支持将是成功的关键。

市场潜力分析

根据我们的调研结果，中等城市市场具有巨大的潜力。随着城市化进程的推进，消费者的购买力不断增加，对创新和高质量产品的需求也在增长。此外，中等城市的市场竞争相对较小，这给我们提供了进一步扩大市场份额的机会。

综上所述，中等城市市场是一个具有竞争潜力的市场，但我们也需要细致的市场战略来满足目标消费群体的需求，并与竞争对手竞争。我们应该制订一个综合的市场进攻计划，包括产品创新、本地化战略和市场推广，以实现在该市场的可持续增长。

谢谢大家的关注，如果需要进一步详细的市场分析或战略建议，请随时与我联系。

此致

研究专员（您的名字）

（注：以上内容由 ChatGPT 生成，未改动。）

8.4.2 关键词的替换调整对 AI 回答的影响

由于 ChatGPT 是通过分析问题中的关键词来生成回答的，如果关键词被替换调整，ChatGPT 的理解和回答可能会发生变化。

关键词的替换调整可能导致 ChatGPT 的回答与原问题的意图不符，或者导致 ChatGPT 无法提供准确和相关的信息。因此，保持问题中关键词的准确和一致对于获取正确的回答非常重要。

用户提问

ChatGPT 在帮助企业挖掘市场需求方面能够发挥什么优势?

ChatGPT 回答

ChatGPT 在帮助企业挖掘市场需求方面可以发挥以下优势。

（1）**自然语言理解**：ChatGPT 具备强大的自然语言理解能力，能够理解和分析大量的用户反馈、市场评论、社交媒体内容等。通过对这些数据进行处理和分析，它可以帮助企业深入了解用户需求，并提供有关市场趋势和消费者喜好的洞见。

（2）**快速实时响应**：ChatGPT 能够迅速进行回应，从而为企业提供快速的市场反馈。无论是用户提问、产品意见或竞争对手动态，它都能在瞬间生成回答。这种实时性使企业能够更快地了解市场动态，及时做出调整和决策。

（3）**大规模数据处理**：ChatGPT 能够处理大规模的文本数据，包括市场调查、问卷调查、用户评论等。通过对这些数据的分析，它可以发现用户的共同需求，进而帮助企业进行准确的市场细分和定位，以及对产品或服务进行改进。

（4）**创造多样的想法**：ChatGPT 具备创造性和逻辑推理的能力，可以根据输入的信息生成新的想法和概念。企业可以运用这种能力来探索新的市场机会，发现创新的产品或服务，并进行差异化竞争。

（5）**个性化推荐**：ChatGPT 能够根据用户的需求和偏好提供个性化的建议和推荐。通过分析用户的反馈和行为数据，它可以帮助企业更好地了解用户的需求，为用户提供符合其个性化需求的产品或服务。

总之，ChatGPT 作为一种强大的自然语言处理工具，可以帮助企业挖掘市场需求并提供洞察力。它可以帮助企业更好地理解用户，迅速响应市场变化，并使企业在竞争激烈的市场环境中获得竞争优势。

（注：以上内容由 ChatGPT 生成，未改动。）

为了清楚地了解关键词的替换调整对 ChatGPT 回答的影响，下面我们将按照一定条件去调整追问内容。

【用条件追问】

现在，我们按照本节确定的条件去替换问题中的关键词“优势”，把它换成“价值”并继续追问。

用户提问

ChatGPT 在帮助企业挖掘市场需求方面能够发挥什么价值？

ChatGPT 回答

ChatGPT 在帮助企业挖掘市场需求方面可以提供以下

价值。

（1）**洞察市场趋势**：通过分析大量的市场数据和用户反馈，ChatGPT 可以帮助企业了解当前的市场趋势和消费者行为模式。这有助于企业及时调整策略、预测需求变化，并把握市场机会。

（2）**确定用户需求**：ChatGPT 能够深入理解用户的提问、意见和需求，从而帮助企业准确捕捉用户的关注点、偏好和期望。这种洞察有助于企业开发符合用户需求的产品或服务，提高用户满意度。

（3）**提供竞争优势**：ChatGPT 可以帮助企业了解竞争对手的动态、市场反应和用户反馈。通过对竞争环境的深入洞察，企业可以制定差异化战略，发现新的市场机会，并获得竞争优势。

（4）**加速决策过程**：ChatGPT 能够提供即时的反馈和建议，辅助企业进行决策。无论是产品改进、定价策略还是市场营销活动，ChatGPT 的实时响应可以帮助企业更快地做出决策，缩短决策周期。

（5）**推动创新**：ChatGPT 具备创造性的能力，可以生成新的想法和概念。这为企业提供了探索创新产品或服务的机会，通过与用户的互动和反馈，企业可以不断改进和优化创新方案。

总之，ChatGPT 在帮助企业挖掘市场需求方面提供了宝贵的洞察和支持。它能够帮助企业更好地了解市场趋势和用户需求，提供竞争优势，加速决策过程，并推动创新。这些价值可以帮助企业在竞争激烈的市场中脱颖而出，并更好地满足用户的需求。

（注：以上内容由 ChatGPT 生成，未改动。）

8.5 控制引导生成内容的提示性追问

8.5.1 提示引导 ChatGPT 生成原创性内容

ChatGPT 可以与用户进行自然、流畅、有趣的对话，甚至可以生成各种有创意的内容，如诗歌、故事、代码、歌曲等。通过对 ChatGPT 进行有目的的引导，我们可以让其生成非常优质的内容。

用户提问

请你以“听雨”为标题，写一篇抒情散文。

ChatGPT 回答

听雨

细雨悄然而至，轻轻洒落在窗前的玻璃上，像是天地之间的一场私语。我坐在书房的角落，凝视着窗外，倾听着雨滴落在叶片上的声音。这是一个安静的下午，我仿佛置身于一个与世隔绝的小世界里。

雨水敲击着窗户，天地间发出一阵阵沙沙的声响。我闭上眼睛，深深吸一口气，便仿佛置身于大自然的怀抱中。这种时刻总能使我平静下来，让烦恼和忧虑暂时离开我的心头。雨滴如音符一般，奏出一首悠扬的交响曲，让我忘却一切纷扰。

窗外的景色也因雨水而变得更加清新。树叶上的水珠闪烁着微弱的光芒，花朵婀娜多姿地低垂着头，好像在感恩这场天赐的滋润。大自然似乎也在静静地聆听雨滴的低语，这一刻，一切都是那么宁静而和谐。

雨天也是我思考和反思的时候。在这片宁静中，我可以回顾过去，审视自己的生活和选择。雨滴落在窗台上，带来一种清新的气息，也激发了我内心深处的创造力。我常常在这样的时候写下自己的思考和感悟，文字在纸上流淌，如同雨水在窗玻璃上滑落。

听雨是一种享受，一种沉浸在自然中的方式。它让我感受到大自然的美丽和神秘，也让我更加珍惜生活中的每一个瞬间。在这个喧嚣的世界中，我们常常被各种忙碌和焦虑所困扰，但只要用心去聆听雨滴的声音，就能找到内心的平静和宁静。

雨水渐渐停歇，留下一片清新的空气和洁净的大地。我知道，生活中的雨雪风霜都是磨炼和洗礼，我们只有经历过风雨，才能见彩虹。在这个雨季，我愿意静静地听雨，感受生命的美好，也期待着阳光的到来，带来新的希望和机遇。无论风雨与晴天，都是生活中不可或缺的一部分，我们应该珍惜每个时刻，倾听生命的旋律，感受它的深刻内涵。

（注：以上内容由 ChatGPT 生成，未改动。）

上述示例中，ChatGPT 已经按要求生成了相关内容，但是我们可以看到，这篇随笔其实空有辞藻，没有真情实感。

【用条件追问】

要想让 ChatGPT 为你生成文章，你仍需自己扮演这篇文章的导演！在提问时，你可以给出若干条件，把握文章的基本格调，确保文章所表达的情感和所阐述的观点与提问者所想的内容一致。

用户提问

请你以“听雨”为标题，写一篇抒情散文。

要求 1：先通过大量关于雨景、雨声的细节描写塑造环境，再由房间里的一首歌引出作者关于“大雨能洗涤城市，也能洗涤人心”的情感主题表达。

要求 2：内容完整，无错别字，无病句，无抄袭，不超过 1000 字。

ChatGPT 回答

听雨

雨丝飘洒而下，如同梦中的琼浆玉液，轻轻地落在大地上。细雨如丝，如蒙蒙细雾，如柳絮飘舞，如花瓣轻散，如天使之泪，轻轻飘洒，如诗如画。

雨滴打在窗棂上，发出清脆的声音，如同琴弦的悠扬。雨水滴答滴答，宛如小精灵的脚步，跳动在寂静的夜晚。雨声如歌，如诗，如梦，如童话。

窗外，雨水洒在树叶上，使树叶闪烁着银光，如同一片片宝石。雨水落在湖面上，激起一圈圈涟漪，如同一首自然的交响曲。雨水滴在花瓣上，使花瓣更加娇嫩，如同一幅绝美的画卷。

在这个雨夜，我坐在窗前，静静地欣赏着雨的美丽。突然，一首熟悉的歌曲从收音机里传来，那是一首关于雨的歌曲，歌词充满了对雨的赞美和热爱。

歌曲的旋律如悠扬的雨声，如轻柔的雨丝，如淅沥的雨滴，如涓涓的小溪，如天空中的音乐。歌词中唱道：“大雨能洗涤城市，也能洗涤人心。”

我闭上眼睛，沉浸在歌曲中。雨水在窗外淅淅沥沥地下着，仿佛在洗净这个城市的尘埃，洗净人们的疲惫和焦虑。雨水清澈而纯净，如同一股清泉，流淌在人们的心灵深处。

雨水洗净了城市的喧嚣，洗净了人们的浮躁，使人们重新找回内心的宁静。在这个雨夜，我感受到了大自然的力量，感受到了雨水带来的清新和治愈。

雨声如歌，如诗，如梦，如童话。它让我想起了生活中的美好，让我感受到了对大自然的敬畏和感恩。在雨的洗礼下，我愿意拥抱每一个清晨，每一个新的开始，因为雨水告诉我，无论遇到多少困难，都会有一片清新的天空等待着我们。

听雨，感受雨，让心灵在雨中得到洗涤，让生活充满希望和美好。雨，是大自然的馈赠，也是心灵的抚慰。在这个雨夜，我与雨相伴，享受着这份宁静与美好。

（注：以上内容由 ChatGPT 生成，未改动。）

我们可以看到，追问后生成的文章，有细致的环境描写，也有细腻的心理活动描写，非常符合追问时设定的要求。

8.5.2 提示 ChatGPT 对回答做原创性修改

让 ChatGPT 对其生成的内容进行修改，听起来是一件不太靠谱的事情，实际上，在一个优秀的提问者的干预下，这是可行的。

用户提问

假如你是一名优秀的中国唐诗研究者，自己也能写出非常优秀的诗。一日，你与友人吟诗作对，把酒赏月，尽兴而归。在归家途中，你孤身一人，想到刚才的热闹，看着身边的夜景，顿觉萧索。

请你根据以上内容，自拟标题，写一首诗，描述自己的心情。

请输出文本。

ChatGPT 回答

月下独行思友人

月下独行思绪长，繁华散去剩孤芳。

酒浓人散夜更深，独我归来月彷徨。

身边风景皆诗画，却无友人共欣赏。

想念那日聚首时，笑声言语暖心房。

路途漫漫归家远，孤身一人思量多。

诗酒趁年华已过，只余月光伴我歌。

遥望明月寄思念，寄语友人勿相忘。

待到重逢时再饮，共赏月华与诗章。

（注：以上内容由 ChatGPT 生成，未改动。）

在上述示例中，由于你给了 ChatGPT 更加丰富的背景和更加明确的标准，ChatGPT 的回答已经很符合你的要求了，不过这首诗仍有不小的进步空间。

【用建议追问】

在追问时，你可以通过向 ChatGPT 提建议，告诉它优化的方向，从而获得更好的答案。下面是示例。

用户提问

非常感谢你的上述回答，但我觉得这首诗仍有优化空间。以下是我对优化这首诗的建议。

（1）请在风格上深度学习中国古代著名诗人杜甫的风格，即沉郁顿挫、兼容并蓄、炼字对仗、内容深远。

（2）请让诗体现出主人公先高兴，再平静，然后惆怅，最后豁然开朗、重新平静的心路历程。

（3）请注意不要抄袭和照搬已有的诗作。

ChatGPT 回答

月下独行思友人

月下独行复沉吟，曾与友人欢笑音。

酒浓人散夜深沉，我独归途月寂寥。

身边风景画中存，无人共赏心落寞。

思念那日聚首时，笑声言语暖寒心。

路途漫长归家远，孤身一人思量深。

诗酒趁年华已过，留得月光映我身。

遥望明月寄思念，寄语友人勿相忘。

待到重逢再共饮，诗酒共赏月华新。

（注：以上内容由 ChatGPT 生成，未改动。）

我们可以看到，经过修改后，这首诗无论是结构还是所表达的情感都丰富了不少，虽然无法与杜甫这样的“大家”的作品相比，但如果提问者再结合自己的知识储备和人生阅历对其进行优化，它也不难成为一篇记录生活、抒发情感的良作。

第 9 章

分步骤与模块追问：让 ChatGPT 辅助解决复杂问题

9.1　分步骤与模块进行追问

9.1.1　分步骤追问 ChatGPT

当使用 ChatGPT 辅助解决复杂问题时，分步骤追问是一个有用的策略，可以帮助你思考问题并逐步获取详细信息。分步骤追问的操作步骤如图 9-1 所示。

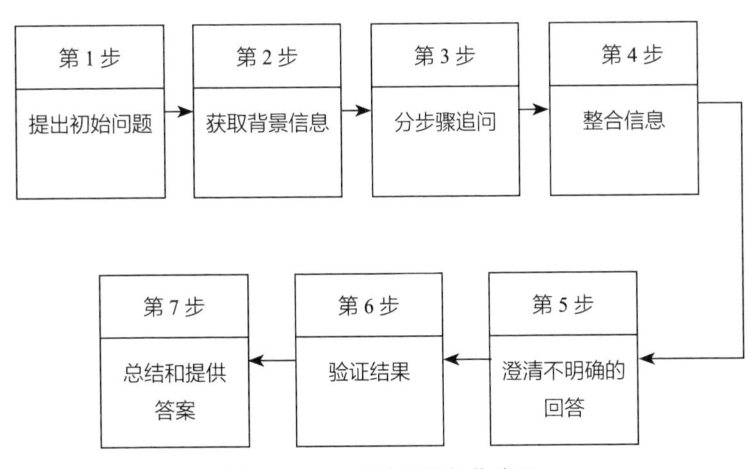

图 9-1　分步骤追问的操作步骤

1. 提出初始问题

首先，你要提出一个总体问题或主要问题，这将是你的起点。你要确保问题足够明确，以便 ChatGPT 可以理解你的需求。

2. 获取背景信息

如果问题需要一些背景信息或上下文，你可以先请 ChatGPT 提供相关的背景信息。这有助于确保 ChatGPT 了解问题的环境和背景。

3. 分步骤追问

你可以将主问题分解为更小的子问题，逐一提出这些子问题，以便 ChatGPT 可以一步步回答。你要确保每个子问题都是清晰和可以独立回答的。

（1）第一步问题：提出第一个子问题，等待 ChatGPT 的回答，确保 ChatGPT 理解并准确回答了这个问题。

（2）追问细节：如果需要更多细节或澄清，随时提出追问，以获取更详细的信息。

（3）逐步深入：一旦第一个子问题得到满意的回答，再提出下一个子问题，持续进行这个过程，逐步深入解决问题的各个方面。

4. 整合信息

在逐步追问的过程中，你要将 ChatGPT 提供的信息逐步整合到整个问题的解答中，确保信息之间的一致性和逻辑性。

5. 澄清不明确的回答

如果 ChatGPT 的回答不够清晰或完整，你要随时进行澄清追问，以获得更准确的答案。

6. 验证结果

你要验证 ChatGPT 提供的答案是否符合逻辑和事实。如果可能，请使用其他可靠资源进行验证。

7. 总结和提供答案

你要总结你的发现并提供最终答案，确保你的答案完整、清晰、准确，并能解答你最初提出的问题。

以“编写企业融资计划书”为例，我们可以按照以下方式对 ChatGPT 进行分步骤追问。

用户提问

我需要编写一份企业融资计划书，应该怎么做？

ChatGPT 回答

编写一份有效的企业融资计划书是吸引潜在投资者或贷款方的关键步骤。以下是一些步骤，以帮助您获得一份成功的企业融资计划书。

1. 概述和执行摘要

在计划书的第一部分，请简要概述您的企业、企业使命和目标，以及您需要融资的原因。

请提供一个高层次的执行摘要，突出您所在企业的独特性，以及为什么投资者应该关注您的项目。

2. 公司背景和团队

……

（更多回答已省略。）

（注：以上内容由 ChatGPT 生成，有删节。）

在这份回答中，ChatGPT 一共给出了十个步骤，包括概述和执行摘要、公司背景和团队、产品或服务描述、市场分析、财务计划、融资需求和用途、营销和销售计划、风险和风险管理、公司估值和退出战略、附录，我们可以针对每一个步骤进行详细追问。

【问的思路】

（1）你可以从市场分析及商业模式着手，向 ChatGPT 提问以了解市场情况，确定市场机会，了解你所在行业的规模、趋势和潜在需求，了解竞争环境，找到产品定位。了解商业模式，可以为企业如何创造价值和获得回报提供有价值的建议，以增加投资者对企业融资计划书的兴趣。

（2）你可以从风险评估与应对策略方面提问，通过进行风险评估，全面识别可能会影响企业成功的各种潜在风险，如市场变化、竞争压力、法规变更、技术风险等，以调整企业战略和运营方式，使企业更好地适应市场需求和应对竞争压力，增加投资者对企业的信心。

（3）投资者更愿意投资具有明确资金需求和可行盈利预测的企业。因此，问与融资需求和盈利预测有关的内容能够提高企业吸引投资的能力，向 ChatGPT 提供你所在企业的情况，让其评估企业当前和未来的资金需求，以便你合理规划融资计划和寻找适合的融资渠道。同时，你可以提前预测盈利情况，以便更好地规划和管理企业的资金，确保它们被用于最有利的方面，提高企业的效益和回报率。

分步骤追问有助于逐渐深入复杂问题，确保获取到全面和准确的信息。它也有助于确保 ChatGPT 理解你的需求，并提供符合逻辑的答案。你可以随时进行澄清和追问，以确保得到所需的帮助。

9.1.2　分不同模块追问 ChatGPT

将复杂问题分解成不同模块并逐一追问也是解决复杂问题的有效方法之一。以下是一个分模块追问的示例流程，该流程可以帮助你获得详细、系统和准确的答案。

1. 确定问题的模块

首先，你要将复杂问题分解成几个关键模块，每个模块代表问题的一个方面。这些模块应该是相对独立的，以便你逐一深入研究。

2. 提出模块化问题

针对每个模块，你可以逐一提出一个清晰而具体的问题。这些问题应该关注模块的核心方面。

3. 追问每个模块

你可以一次处理一个模块，提出问题并等待 ChatGPT 的回答。你要确保 ChatGPT 充分回答了每个模块的问题，并提供了详细信息。

（1）追问细节：如果需要更多细节或澄清，随时追问，以获取更详细的信息。

（2）逐步深入：根据需要逐步提出更深入的问题，以深入研究每个模块的不同方面。

4. 整合信息

在处理每个模块时，你要将 ChatGPT 提供的信息整合到整个问题的解答中，确保信息之间的一致性和逻辑性。

5. 交叉验证

如果有可能，你要使用其他可靠资源进行交叉验证，以确保 ChatGPT 提供的信息准确无误。

6. 总结和提供答案

在处理完所有模块后，你要总结你的发现并提供最终答案，确保你的答案完整、清晰、准确，并能解答你最初提出的问题。

以“生成某光伏发电项目可行性报告”为例，你可以按照上述方式，先将问题分成几个模块，然后逐一向 ChatGPT 提问。在提问的过程中，你可以使用一些关键的提示词，以便 ChatGPT 给出更精确的答复。

【问的角度】

（1）从项目概述的角度提问：提供项目的总体概述，包括项目的目标、规模、地点、设计理念等。

（2）从市场需求的角度提问：对光伏发电市场的需求进行分析，包括当前的市场状况、未来的发展趋势、目标市场的需求等。

（3）从技术可行性的角度提问：对采用的光伏发电技术进行说明，包括技术的成熟度、应用范围、可靠性等。

（4）从财务分析的角度提问：对项目的投资成本、收益、回报周期等进行详细的分析，以确定项目的投资价值。

（5）从环境影响的角度提问：分析项目对环境的影响，包括土地利用、生态保护、污染物排放等方面的影响，并提供解决方案。

（6）从社会影响的角度提问：分析项目对社会的影响，包括就业机会、地方经济发展、社区关系等方面的影响，并提供解决方案。

（7）从风险管理的角度提问：识别项目中可能面临的风险，包括政策风险、市场风险、技术风险等，并提供应对策略。

（8）从结论与建议的角度提问：根据以上分析，得出项目是否可行的结论，并提出一些有关如何推进项目的建议。

用户提问

我需要为某光伏发电项目写一份可行性报告，请给我生成一段项目概述的示例。

ChatGPT 回答

某光伏发电项目旨在建设一个规模适中的光伏发电站，通过太阳能光伏板将阳光转化为清洁、可再生的电力资源。该项目将位于……，拥有……的发电能力。

该光伏发电项目将运用现代化的光伏技术和设备，包括高效太阳能光伏板、逆变器和配电设施等，确保发电系统的高效运行和可靠性。项目团队将与专业的技术合作伙伴合作，确保光伏发电站的设计、建设和运维过程符合最高的技术标准和质量要求。

该项目的建设将按照当地政府的相关法规和环境保护要求进行，确保对环境的影响最小化。项目团队将进行全面的环境影响评估，采取必要的措施来减少土地使用、水资源利用和噪声等对环境的不良影响。

该光伏发电项目将为当地社区提供稳定可靠的电力供应，满足日益增长的电力需求。由于该地区的电力供应存在缺口，并且当地政府鼓励采用清洁能源，该项目具有良好的市场前景和潜在的商业机会。

（注：以上内容由 ChatGPT 生成，未改动。）

用户提问

请继续对光伏发电市场的需求进行分析，包括当前市场状况、未来发展趋势、目标市场需求等。

ChatGPT 回答

光伏发电是一种清洁、可再生的能源形式，随着人们的环境保护意识和可持续发展意识不断增强，市场需求日益增长。以下是对光伏发电市场需求的分析。

当前市场状况

目前，全球光伏发电市场正在快速发展。根据国际能源署的数据，2019 年全球新增装机容量达到了 118 吉瓦（GW），创下历史新高。特别是在中国、美国、印度等国家，光伏发电已成为重要的清洁能源形式。

未来发展趋势

……

光伏发电还有许多适用领域。例如，大型工业和商业企业常使用光伏发电作为其能源供应的一部分，以减少环境污染和降低能源成本。家庭用户也可以使用光伏发电系统来为其家庭提供可靠的电力，并节约电费。

综上所述，光伏发电具有较高的市场需求，随着技术的进步和成本的下降，其在未来将有更广泛的应用和更强的增长势头。

（注：以上内容由 ChatGPT 生成，未改动。）

分模块追问有助于更有条理地解决复杂问题，确保每个问题都得到了适当的处理。这种方法还有助于提高问题的可管理性，因为你可以专注于一个模块，然后逐步深入研究其他模块。在整个过程中，你要保证提问方法是清晰且有条理的，以确保你获得所需的答案。

9.1.3　让 ChatGPT 自己划分步骤与模块来回答

要让 ChatGPT 自己划分步骤与模块来解决复杂问题，你可以采用以下策略。

1. 明确问题的复杂性

在与 ChatGPT 对话之前，你要先简要介绍一下问题的复杂性和需要的详细信息。这有助于 ChatGPT 理解问题的性质。

2. 引导 ChatGPT 思考步骤与模块

你可以使用引导性问题或指导性语句来激发 ChatGPT 思考问题的不同方面，并鼓励它自己划分步骤与模块。例如，“请思考一下，解决这个问题可能需要哪些关键步骤”或“有哪些方面需要考虑，以全面解决这个问题”。

3. 提示模块划分

如果 ChatGPT 需要你的帮助才能划分模块，你可以提供一些提示或示例来引导它。例如，你可以列出一些可能的模块或子问题，然后要求 ChatGPT 从中选择一个模块或子问题。

4. 逐步深入问题

一旦 ChatGPT 提出了一些可能的步骤或模块，你可以逐一追问，要求它详细说明每个步骤或模块。这将鼓励 ChatGPT 深入思考问题，并提供更具体的信息。

5. 整合和总结

在 ChatGPT 提供每个步骤或模块的信息后，你可以要求它帮助你整合这些信息，以形成一个完整的解答或计划。这将帮助 ChatGPT 将所有内容整合在一起，以回答整个问题。

6. 澄清和改进

如果 ChatGPT 的划分不清晰或模块不完整，你可以随时进行澄清和改进，通过提出问题帮助 ChatGPT 更好地划分模块或提供更详细的信息。

7. 评估答案

最后，你需要评估 ChatGPT 提供的答案，确保答案满足你的需求，并符合问题的复杂要求和详细要求。

以生成某企业未来三年的发展规划为例，我们可以按照上述方式引导 ChatGPT 自己划分步骤与模块来解决复杂的问题。

用户提问

我需要写一份企业未来三年的发展规划，我需要从哪几方面进行考虑？

ChatGPT 回答

在编写企业未来三年的发展规划时，您可以从以下几个方面进行考虑。

1. 战略目标和定位

您要明确企业的长期发展目标，包括市场份额、收入增长、利润率等方面的目标，确定企业在行业中的定位和差异化竞争策略，以及如何实现战略目标的路径和步骤。

2. 市场分析和定位

您要分析当前的市场状况和趋势，了解市场规模、增长率、竞争格局等信息，评估目标市场的需求和机会，并确定企业如何巩固现有市场份额和开拓新市场。

……

以上是您在编写企业未来三年的发展规划时应该考虑的一些主要方面，您可以根据自己所在企业的情况进行具体调整和拓展。您最好将这些方面细化为具体的计划和行动步骤，并设定明确的时间表和绩效指标，以便有效监测和评估进展。

（注：以上内容由 ChatGPT 生成，未改动。）

ChatGPT 生成的回复将问题清晰地分成了战略目标和定位、市场分析和定位、产品和服务规划、运营和供应链管理、人才和组织发展、市场营销和品牌建设、财务规划和风险管理、创新和技术引领八个模块，你接着可以按照分步骤与模块的方法逐一进行追问，以便得到最终想要的答复。

通过采用这种方法，你可以引导 ChatGPT 自己思考问题的结构，帮助它自行划分步骤与模块，并逐步深入解决复杂问题。虽然这种方法需要一些交互和指导，但可以帮助 ChatGPT 更好地理解问题，让 ChatGPT 为你提供更具体和有组织的答案。

9.1.4 要求 ChatGPT 生成举例说明来完善回答

在许多情况下，AI 生成的回答可能不是完美的或完全符合实际情况的。在这种情况下，使用举例说明可以提供更多的细节和背景信息，以帮助 ChatGPT 回答得更加准确和全面。

用户提问

> 太阳能热能系统通过太阳能将光能转化为热能，提供供暖、热水和其他热能需求。请通过举例说明，使这个知识更简单易懂、富有趣味性。

ChatGPT 回答

> 让我们以一个实际的例子来解释太阳能热能系统的工作原理。想象一下，你有一个非常大的太阳能热水器，这个热水器有一个特殊的“太阳脸”盘子，它能够捕捉和聚集太阳

的光芒。然后这个盘子把收集到的太阳光导入一个热能转化器，它就像一个超级大的微波炉。这个转化器将光能转化为热能，把水加热到理想的温度。

现在，该怎么用这个热水呢？你可以把它接到你的家里，为你的家庭提供热水。例如，你可以在需要洗澡或洗碗时直接使用热水。另外，你还可以用这个热水来为你的地板或墙壁供暖。这样，当冬天来临时，你就可以享受到暖和的房间和舒适的浴室了。

这个太阳能热能系统的优点在于，它不会产生任何污染物，也不需要燃烧化石燃料来产生热能。这意味着它既环保又节能。此外，你还可以节省电力，因为太阳能是免费的能源。

因此，使用太阳能热能系统是一个既简单又有趣的方法，可以让我们使用可再生的太阳能资源，为家庭和环境做出贡献。

（注：以上内容由 ChatGPT 生成，未改动。）

这个举例回答很好地解释了太阳能热能系统的工作原理和用途。通过一个实际的例子，ChatGPT 把抽象的概念具体化，让枯燥的回答变得有趣。

【问的技巧】

1. 使用比喻和类比

你可以使用常见的例子或已有的知识来解释复杂的概念，以便更好地帮助读者理解。例如，如果一个概念涉及机器学习，你可以使用“自学成才的厨师”来类比它，以帮助读者理解。

2. 使用表格和图片

使用表格和图片可以帮助读者更好地理解复杂的概念。例如，你可以使用表格来解释某种算法的步骤，或使用图片来展示某个过程。

3. 使用实际的例子

使用实际的例子可以帮助读者更好地理解复杂的概念。例如，你可以举一个使用机器学习的例子，来说明它的用途和优点。

9.2 “知识生成”提示，让 ChatGPT 生成原创知识

9.2.1 创造新知：生成人类社会不存在的知识

在科学领域，研究不存在的知识可能有助于推动科学方法的发展，这个过程可以帮助人们更好地理解现实世界的规律和现象。

你可以通过要求 ChatGPT 生成一些人类社会不存在的知识，激发人们的创新精神。

用户提问

请生成十个关于人类社会的设想。

ChatGPT 回答

以下是十个虚构的关于人类社会的设想。

（1）量子思维传输：人们可以通过纯粹的思维传输信息，无须言语或技术设备。

（2）感情共享网络：一个全球性的感情共享网络，允许人们即刻共享他们的情感和情绪，以实时感受他人的情感。

（3）透明思维：每个人都能够看到其他人的思维和内心世界，世界没有隐私。

（4）生命能源共享：人们可以共享彼此的生命能源，以延长寿命或帮助其他人恢复健康。

（5）自愈分子：微型纳米机器人能够在人体内自动修复受损细胞和组织，消除疾病。

（6）太空中的居住：太空有大规模的太空居住区，人们可以在太空中生活和工作，地球上的国界不再存在。

（7）平行宇宙交流：人们可以与平行宇宙中的自己进行

实时交流和合作。

（8）自由形态：人类可以自由地改变外貌、性别和身体形态，不再受限于生物学。

（9）超越时间感知：人们可以自由地感知和探索过去和未来的时间，不再受限于线性时间。

（10）集体梦境：整个社会可以进入共享的梦境状态，共同创造和探索梦境中的世界。

请注意，以上的知识都是虚构的，在现实世界并不存在。

（注：以上内容由 ChatGPT 生成，未改动。）

这些不存在的知识虽然无法被证明或证伪，但它们具有重要的现实意义，可以启发人类思考，推动创新和科学技术的发展，帮助人们更好地认识自身和周围的世界。

9.2.2 跨界杂交：生成跨学科领域的原创知识

跨界知识的杂交对于推动创新、解决复杂问题、拓展思维和发现新的应用领域都具有重要的现实意义。它可以为我们提供新的视角和方法，帮助我们应对未来的挑战，并开创新的可能性和机遇。

用户提问

关于将量子计算应用于医学领域，你能生成一个可能的原创知识吗？

ChatGPT 回答

当然！以下是一个关于将量子计算应用于医学领域的可能的原创知识。

最近的研究表明，量子计算在医学领域具有巨大的潜力，特别是在癌症治疗方面。通过运用量子计算机的高效计算能力，我们可以更准确地模拟和预测癌细胞的行为，从而为个性化的治疗方案提供更精确的指导。

具体而言，量子计算可以在分子水平上模拟和优化药物与靶标之间的相互作用。传统的计算方法往往无法考虑到分子中所有复杂的量子相互作用，而量子计算可以更好地捕捉这些现象。基于该模拟，我们可以开发出针对特定癌症类型的新药物，减少试验和错误的次数，加速药物研发的进展。

此外，量子计算还可以帮助研究人员理解肿瘤的演化过程。癌症的发展和转移过程涉及许多复杂的分子交互作用和基因调控网络。通过量子计算，我们可以模拟这些网络，并研究不同基因组合对肿瘤演化和治疗反应的影响。这些模拟结果可以为临床医生提供更详细和个性化的治疗建议，以最大限度地提高治疗效果。

需要指出的是，虽然量子计算在医学领域的应用仍处于早期阶段，但它在推动癌症治疗方面具有巨大的潜力。随着量子计算技术的不断发展和成熟，我们可以期待它在医学研究和临床实践中发挥越来越重要的作用。

（注：以上内容由 ChatGPT 生成，未改动。）

这段回答针对跨界知识的杂交的现实意义表达了一些基本观点，对新知识的研究与创新提供了新的想法与思路。我们仍然可以通过追问来获得更具体、有力和连贯的回答。

【问的角度】

（1）通过提供实际的案例或研究成果，我们可以更加具体地说明跨界知识杂交在实际应用中的意义和影响。

（2）我们可以提出跨界知识杂交可能面临的挑战和限制，如领域间的沟通障碍、学科特定的术语和方法论差异等。